气象科技成果评价的认识与实践

邹立尧　王亚光 等 著

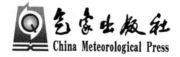

气象出版社

China Meteorological Press

内容简介

本书基于近年来对气象科技成果评价的研究成果和实际案例,探讨了气象科技成果评价的相关概念、名词术语及定义,归纳了气象科技成果评价的原则与范围,概述了气象科技成果评价活动的结构与内容,介绍了气象科技成果评价运作的过程、方式和操作方法。本书可为关注和从事气象科技评价的人员参考。

图书在版编目(CIP)数据

气象科技成果评价的认识与实践 / 邹立尧等著. —
北京:气象出版社,2019.8
 ISBN 978-7-5029-7019-2

 Ⅰ.①气… Ⅱ.①邹… Ⅲ.①气象学-科技成果-评价-中国 Ⅳ.①P4-12

 中国版本图书馆 CIP 数据核字(2019)第 166899 号

气象科技成果评价的认识与实践

邹立尧 王亚光 著

出版发行:气象出版社
地   址:北京市海淀区中关村南大街 46 号　　　邮政编码:100081
电   话:010-68407112(总编室)　010-68408042(发行部)
网   址:http://www.qxcbs.com　　　**E-mail**:qxcbs@cma.gov.cn
责任编辑:张 斌 张 媛　　　　　　　　终　　审:吴晓鹏
责任校对:王丽梅　　　　　　　　　　　　责任技编:赵相宁
封面设计:博雅思企划
印   刷:北京中石油彩色印刷有限责任公司
开   本:710 mm×1000 mm 1/16　　　　印　　张:10.75
字   数:211 千字
版   次:2019 年 8 月第 1 版　　　　　　印　　次:2019 年 8 月第 1 次印刷
定   价:50.00 元

本书如存在文字不清、漏印以及缺页、倒页、脱页等,请与本社发行部联系调换。

序　言

自 2007 年以来,中国气象局气象干部培训学院先后承担了"气象科技项目成果应用效益评价""公益性行业(气象)专项进展评估""气象科技项目/成果管理评估系统""气候变化专项绩效评价指标研究"等项目,其间牵头与多所高校和省气象局的科研、业务、教育和科技管理人员,共同探讨气象科技成果评价的相关问题,并针对不同的项目和不同的评价目标,设计了多套气象科技成果评价指标体系。其中,有些指标体系已应用于相应的科技成果评价活动,并获得了委托者的好评;有些评价指标体系是气象科技成果评价研究的初步成果,亦可作为未来开展气象科技评价活动的技术基础。此外,在气象科技评价的研究和实践活动中,研究人员还针对气象科技成果评价的实际需求,编制出一些气象科技成果评价的作业工具,如获取评价数据的调查表、筛选评价指标和指标赋权的调查问卷、处理数据的折算系数表等。

本书梳理了十年来气象科技成果评价的研究和活动概况;总结了气象科技成果评价工作的认识与实践;介绍了在气象科技成果评价实施过程中的评价方式和方法。本书的内容可供气象科技管理和气象科技评价人员在从事相关工作时参考。

丁一汇

2019 年 5 月 30 日

前　言

本书以气象科技成果评价的认识与实践为主线,专题讨论气象科技成果评价的相关问题。全书的写作基础和素材来源于 2011—2014 年科技部公益性行业(气象)专项"气象科技项目/成果管理评估系统"的相关研究成果,以及 2008—2014 年中国气象局气象干部学院相关教师开展气象科技成果评价活动的实践。

2005 年,中国气象局明确了气象科技成果评价为气象科技评价的三项内容之一,先后在政策层面和管理层面上开展了一系列的工作,如在相关气象科技政策和管理的文件中规定进行气象科技评价、制定气象科技评价管理办法、组织相关人员设计不同评价对象的评价指标等。2007 年中国气象局科技与气候变化司委托气象干部培训学院以定量和定性相结合的指标评价方法评估气象科技项目成果的应用效益。2011 年,中国气象局科技与气候变化司委托中国气象局气象干部学院对公益性行业(气象)专项的研究进展进行评估,2014 年中国气象局通过"气候变化专项"项目资助了气候变化专项研究类项目绩效评价的研究与试验。

本书由科技部公益性行业(气象)专项"气象科技项目/成果管理评估系统(2 期)"资助出版。

全书分为认识篇、案例篇和附录三部分。

第一部分为认识篇,共十七章,主要内容为与气象科技成果评价相关的概念、气象科技成果评价活动的基本情况、气象科技成果的特点、气象科技成果的载体、气象科技成果的分类体系、气象科技成果评价的方法、各类气象科技成果评价指标的构建等。

第二部分为案例篇,分别简述了 2007—2014 年由中国气象局气象干部学院科技评估团队开展气象科技成果评价的四个案例:气象科技项目成果应用效益评估(2008),公益性行业(气象)专项项目进展(中期)评估(2011),防雷气象标准使用情况和应用效果的评估(2011)和气候变化专项研究类项目的绩效评价(2014)。

第三部分为附录,收录了在气象科技成果评价的研究和实践过程中,相关人员自行编制的一些评价作业工具。

本书前言、第一章由王亚光撰写,第二章、第三章、第四章由邹立尧撰写,第五章由胡宜昌撰写,第六章由邹立尧撰写,第七章由王亚光、闫冠华撰写,第八章、第九章由王亚光撰写,第十章由王亚光、骆海英撰写,第十一章由王亚光撰写,第十二章由刘伟东、孙丹、王亚光撰写,第十三章由刘伟东、孙丹、林朝旭、霍英撰写,第十四章由张文云、王亚光、闫冠华撰写,第十五章由邹立尧、王亚光、胡宜昌、储凌、荆国栋撰写,第十六章由胡宜昌、储凌、荆国栋撰写,第十七章由邹立尧、王亚光、赵鹏撰写。全书由王亚光、邹立尧统稿。

本书对于关注和从事气象科技评价的人员,在评价技术路线选择、评价数据获取与处理、筛选评价指标、构建评价指标体系、设置指标权重、选择评价方法、制定评分规则、评价数据计算和评价报告撰写等方面,具有一定的参考和指导的作用。

由于著者对气象科技成果评价工作的认识还较为肤浅,且相关实践活动也较少,书中难免有一些错误,望读者给予指正和帮助。

著者

2019 年 7 月

目　　录

序言
前言

认　识　篇

案　例　篇

附录：气象科技成果评价工具

认　识　篇

第一章　绪　论

气象学是一门对社会和人类生存与发展具有实际应用价值的实验性学科。气象学的学科发展与气象业务的实践活动有十分紧密的关系。气象科学研究是人类认识自然大气运动规律的试验活动,气象业务是人类利用已知自然大气运动规律的实践行为,二者相互依存,相互影响,相得益彰。

在气象科技工作中,必然会遇到科研成果能在多大程度上被学界和业界认同,成果如何转化到业务工作中,以及成果转化后效果如何,新技术方法能否取代原技术方法等一系列的问题。这些问题涉及如何找到公正、准确、客观评价科学研究成果的途径和方法。因此,气象科技成果评价活动是完善和促进科学研究更加深入、提升气象业务能力,以及促进气象科技成果与气象业务相互融合不可或缺的环节和手段。

气象科技成果评价实质上就是按照规定的原则、程序和标准,运用科学、可行的方法,对气象科学技术活动结果的价值和作用进行衡量、验证和确认的过程。气象科技成果的评价方式有多种,如专家评议、机构认定、行业准入、专利授权、著作权授权等。主客观指标相结合的综合评价方式是其中之一。

从当前国内外科技成果评价活动的基本趋势看,对基础理论研究成果的评价,多采用同行评议的主观方法;对应用技术成果的评价,多采用主客观指标相结合的量化或半量化方法。

第一节　名词和术语

1. 科技成果

"科技成果"一词是我国科技管理工作的规定术语,频繁出现在科学技术活动和社会生活当中,泛指科学技术研究中取得的成功结果或成就。单纯从语言的角度讲,"科技成果"一词为中国独有。在英语中,与"科技成果"字面意义相类似的概念有"Output"和"OutCome",但这两个词的实际含义一般是指"产出"或"结果"。在美国,"Output"和"OutCome"主要用于宏观描述科学研究对经济、社会和科学的贡献。对"成果"的表达,仅使用论文、技术、专利等具体的词汇。

关于"科技成果"的概念,国内有多种表述。1983 年,原国家科委《关于科学技术研究成果管理的规定》[1]中对科技成果的表述是:"解决某一科学技术问题而取得的具有一定新颖性、先进性和实用价值的应用技术成果;在重大科学技术项目研究进程中取得的有一定新颖性、先进性和独立应用价值或学术意义的阶段性科技成果;消化、吸收引进技术取得的科技成果;科技成果应用推广过程中取得的新的科技成果;为阐明自然的现象,特性或规律而取得的具有一定学术意义的科学理论成果"。1984年,原国家科委《关于科学技术研究成果管理的规定》[2]中的表述是:科技成果是指由组织或个人完成的各类科学技术项目所产生的具有一定学术价值或应用价值,具备科学性、创造性、先进性等属性的新发现、新理论、新方法、新技术、新产品、新品种和新工艺等。1986年出版的《现代科技管理词典》对科技成果的定义是:科技成果是指科研人员在他从事的某一科学技术研究项目或课题范围内,通过实验观察、调查研究、综合分析等一系列脑力、体力劳动所取得的,并经过评审或鉴定,确认具有学术意义和实用价值的创造性结果。1986年,中国科学院在《中国科学院科学技术研究成果管理办法》中把"科技成果"定义为:某一科学技术研究课题,通过观察试验和辩证思维活动取得的,经过鉴定具有一定学术意义或实用意义的结果。1996年10月1日起施行的《中华人民共和国促进科技成果转化法》把"科技成果"定义为:通过科学研究与技术开发所产生的具有实用价值的成果,2015年10月《科技成果转化法》修订时,该定义未再修改。

以上各种科技成果概念的表述和定义内涵基本一致,可归纳为:科技成果是人类在科学技术研究活动的所有领域中,取得富有创新内容并能揭示一定的自然规律和社会规律,具有一定的科学技术先进水平或学术价值、实用价值、经济价值的研究结果。科技成果包括各学科领域中的新观点、新理论、新学说、新发现、新思想、新方法、新发明、新技术、新材料、新工艺、新器件、新设备、新系统等,经过规定程序和范围的学术评价、技术鉴定、测试考核之后,具备知识形态和实体形态的科研劳动产物。

1984年,《关于科学技术研究成果管理的规定》明确"科技成果必须具备的特征是新颖性、先进性和实用性"。

所谓新颖性,即指科技成果在发现新物质、阐明物质运动规律方面,有新的内容和创见;对已知原理的应用,属于开拓新的领域或在原技术发展中的新突破等。科技成果的新颖性就是"新"在同类科技领域内前所未有、非公知公用。国际未见的科技成果,可称为绝对新颖性或国际新颖性。国内未见的科技成果,可称为国内新颖性或有限新颖性、地域新颖性。

所谓先进性是指该项成果与此前同类成果的学术水平或技术水平进行比较,具有突出的特点和明显的进步,它源于原有的科技成果,而又高出现有科技成果的水平。技术成果的先进性,主要体现在技术原理进步、技术构成进步、技术效果进步。

所谓实用性是指科技成果的经济价值和社会价值,必须体现出:符合科学规律,在相同条件下可复制;具备实施条件;满足经济社会发展的需要。

2. 科技成果分类

科技成果的分类就是依据科技成果的内容、载体形式、功能、作用或其他的特征，采用交叉分类的方法，以科技成果的种属关系、逻辑关系和层次关系，分门别类的次序化，并给出不同的类别标识，以示不同科技成果之间的差异和不同。

科技成果的分类有多种依据，分类依据不同，分类的结果也不同。

1）按照科技成果的作用与功能分类，可分为：①科学理论成果；②应用技术成果；③软科学研究成果。

2）按照科技成果的内容分类，可分为：①学术资料型；②基础研究型；③政策建议型；④技术方法型；⑤实物器具型。

3）按成果的表现形式，可分为：①学术理论型；②技术方法型；③装备产品型。

3. 评审

"评审"是具有中国特色的词汇，含有评价和审定的双重含义。在科技评价中，"评审"是指由政府的相关管理机构对科技计划、科技项目、科技成果、科技成就以及某种资格进行审查和评定，并给出最终结论的一种行为。

4. 评估和评价

"评估"与"评价"在现实中的使用十分广泛，由于这两个词的含义较为接近，在文献和日常的表述中也没有清晰的界限，一般在文献和口语表述中都是混用。

"评估"一词的原意是为了收税而对财产做出估价，后来引申为对某事件的意义和重要性做出估计。

"评价"一词的暗含根据一定的规矩和标准，对评价对象进行量化度量的意思。度量的过程融合了观察、分析和计算等方法，以取得对评价对象的某种判断。

在文献和日常的表述中，"评估"与"评价"的使用频率与语言习惯有关。从实际使用的语境分析看，"评估"多在大约和估计的语境中出现；"评价"多在测度和量化的语境中出现。

5. 科技成果评价

科技成果评价是指按照委托者的要求，由评价机构聘请同行专家，坚持实事求是、科学民主、客观公正、注重质量、讲求实效的原则，依照规定的程序和标准，对被评价科技成果进行审查与辨别，对其科学性、创造性、先进性、可行性和应用前景等进行评价，并做出相应结论。

6. 科技成果评价指标

科技成果评价指标是在科技成果评价活动中，反映评价对象特征、体现评价目标和表达评价内容的词汇。

7. 科技成果评价指标体系

科技成果评价指标体系是在科技成果评价活动中，由表述评价对象、目标和内容的词汇所构成的指标集合，构成指标体系的指标具有种属关系、层次关系和逻辑关系,可全面、准确地反映评价的目标。

8. 科技评价与科技成果评价

科技评价是按照规定的原则、程序和标准,运用科学、可行的方法对科学技术活动以及与科学技术活动相关的事项所进行的论证、评审、评议、评估、验收等活动。科技成果评价属科技评价的分支领域,是专门针对科技成果的论证、评审、评议、评估、验收等行为。

9. 立项评价与成果评价

立项评价与成果评价是科技评价工作环节中首端和末端,它们之间是"始"与"终"的关系。两者在管理节点上不同,评价的重点也不同。立项评价主要对一项科技活动是否要开展而进行的论证与评估。科技成果评估是针对一项科技活动取得的结果进行的评价。立项评价的重点是依据社会经济和科学发展的需求,从项目的必要性、创新性、可行性进行评价,重点是针对项目取得的结果,对成果的水平、社会经济效益和价值进行评价。当然,科技成果评估也会成为新一轮科技活动开始的基础和依据。

10. 验收评价与成果评价

在科技评价工作中,验收评价与成果评价既有联系又有区别。验收评价是针对项目目标的完成情况、实现程度及取得成果的核查性评估,而成果评价则是要针对项目成果的水平、应用效果、预期效益等方面的确定性评价。验收评价不属于专门的成果评估,成果评估是验收评估的深化和拓展。

第二节　科技成果评价的意义

科技成果评价是科技管理工作的重要内容和关键环节,对于确认和保护科研活动所产生的知识产权和技术所有权,考核和确认科技人员的科研业绩,促进科技成果的转化,优化配置科技资源等方面都具有许多现实意义,主要表现在:

1. 为科研劳动的结果确定权属。从气象科技成果的产出量看,每年气象部门的气象科技成果产出大约有上万项,其中主要是论文,约占 7 成以上;其他为论著、图集、专利、仪器设备、应用软件、元器件等。近年来,以软件著作权为表现形式的成果逐步增多。但是,在这些正式出版和有版权保护的科技成果之外,还有成百上千项气象科技成果不在知识产权的保护范围之内,如科研项目中形成的技术报告、咨询报告、决策服务报告、数据集、图集、业务系统及其附设的数据库等。虽然这些成果的创造者们有保护自己劳动成果的意愿,但由于成果未在官方成果管理中登记备案,或未经过其他的确权过程,成果创造者的权益就容易受到侵害。鉴于此,通过气象科技成果的评价可以认定成果创造者拥有该成果的知识产权权利,给予成果创造者在一定范围或一定程度上的知识产权保护。

2. 对科技成果的价值做出定性或定量的裁决和评定,预估科技成果应用所产生的社会效益和经济效益。科技成果评价的功能之一就是用公认合理的"尺子"度量科技成果的使用价值,并尽可能用量化的方法表示其价值;依据科技成果评价所取得的结果,判断和预估科技成果应用转化后所产生的各种效益,为科技成果转化应用提供依据。

3. 向科技成果的投资和配资方做出交代。任何科技成果的产出都是一定的科技投入所带来的结果,其中经费的投入是带动其他投入(人员投入、设备投入、科研资源投入等)的原动力。科技成果评价的结果是项目结题时不可或缺的依据。

4. 调动科技工作者创造成果的积极性。除了证明成果的权利归属、科学价值和使用价值之外,科技评价活动和评价结果还可促使广大科技工作者在未来的科研活动中,改进研究思路和研究方法,引导科学研究健康有序地开展,激励科技工作者积极探索未来、追求创新,创造更多更大的社会经济效益。

5. 促进科研资源的整合、配置和优化。科研管理是一个复杂的系统工程,同时又是一个动态的管理过程。科技成果评价即可为科研管理部门提供科研活动业绩的基础数据和动态数据,以支持科研管理部门调整科技资源布局,优化科技资源配置和支撑持科技发展决策。

第三节　科技成果评价的目的和主要内容

1. 科技成果评价的目的

科技成果评价包括了各种不同目标的科技成果评价活动,如以认定科技成果为目的的科技成果评价、以投资为目的的科技成果评价、以价值补偿为目的的科技成果评价、以司法需要为目的的科技成果评价、以抵押物为目的的科技成果评价等。公益性科技成果评价的目的是:

1)鉴别和确认科技成果;

2)为科技成果应用提供依据;

3)促进科技成果转化;

4)考核科研绩效;

5)衡量科技成果价值;

6)为科技成果获得持续支持。

2. 科技成果评价的主要内容

科技成果评价活动所包括的主要内容是:

1)评价科技成果的水平和价值;

2）评价科技成果的成熟程度；

3）评价成果应用的可行性；

4）预估成果的使用价值；

5）预估成果应用有可能产生的各种效益及贡献率；

6）成果应用的技术风险、业务风险、市场风险。

第四节 科技成果评价的作用与范围

科技成果评价作为科研管理工作的一个重要环节，是对科技成果的技术水平、实用价值、技术影响、技术作用、应用效果和产生效益的衡量与认定。科技成果评价对于实现科技成果管理的科学化、调动科技人员积极性、推动科技成果转化、促进学术繁荣等方面，有不可替代的作用。

1. 科技成果评价的作用

1）对广大科技工作来说，由科技管理机构授权的专业评价机构（第三方）作出科技成果的认定结论，更具公平性。

2）经过符合程序和标准化的科技成果评估过程，取得科技成果价值的结论更可靠，应用转化的依据更充分。

3）经过符合程序和标准化的科技成果评估过程，可以使尚未受到知识产权法律保护或尚未达到知识产权法律保护条件的科技成果免受可能被侵权的危害。

4）利用科技成果评估的数据资源和评价结果，可促进科技资源的优化配置，调整科技支持的方向和力度，校准科技与经济结合、科技与业务结合的目标。

5）经过科技成果的评价过程，可以将科技成果的技术水平、应用价值和经济社会效益预期等信息准确传达给社会和市场，加快科技成果转化应用的节奏和步伐。

6）调动和激励广大科技人员的科研积极性，促进学术研究的发展和应用技术的开发。

7）科技成果的评价结果可以成为科技项目获得资助、连续资助或终止资助的参考依据。

2. 科技成果评价的范围

严格地说，任何科技成果都需要进行评价，无论是列入国家各级政府和部门科技计划或科技项目所取得的科技成果，还是社会法人机构和单位自筹资金开展研发活动所取得的科技成果，都需要进行评价。

1997 年，科技部颁布的《科技成果评价试点暂行办法》规定，科技成果评价主要针对技术开发类应用技术成果、社会公益类应用技术成果、软科学研究成果 3 种类型进行评价。其他需要进行科技成果评价的情况有：企事业单位发生变动时需对科技成果作价;各级行政、司法机关委托的科技成果评价;法律、法规要求进行的科技成果评价;科技成果的推广与转化需要的评价;企事业单位及个人自行研究开发的应用技术成果;产权利益主体发生变动,需要进行评价;科技成果转化过程中的立项、贷款、投资等。

第二章　国内外科技成果评价活动简述

自人类依靠科学技术活动认识自然现象、掌握自然规律、造福人类活动以来,就产生了对科学技术活动结果的评价行为。在人类的科学技术史上,每一次科技领域重大突破,每一个重大科技成果的产生都有与之相应的科技评价活动。当今世界,科学技术活动是推动经济社会发展的强大动力,国际上十分重视对科技成果的评价,许多发达国家都根据本国的实际,开展科技成果的评价。

无数事实证明科技成果的评价活动越规范、越成熟,科学技术活动就越活跃、越繁荣、越强劲,科技成果评价早已成为促进科学技术发展不可或缺的手段之一。

第一节　国外科技成果评估的情况

美国是世界上对科技成果评估最为重视的国家。美国曾于 20 世纪 60 年代,在科技领域进行了两次重大的科技成果的评估活动,一次是对国家技术服务计划的评估,另一次是对 20 个主要武器系统研发情况的评估。这两次大规模的评估活动都采用了"成本—收益"方法。1972 年,美国国会成立了技术评估办公室,标志着美国的科技成果评估进入专业化、规范化和成熟化。在 20 世纪 70 年代,评价科研项目的经济回报率是科技成果评估主要内容。此后,出现的"绩效评估"概念,科技规划和科研绩效的评估成为科技成果评价的主要内容,并成为政府财政预算分配的依据和公众监督政府公共支出的手段之一。20 世纪 70 年代,美国宇航局(NASA)提出的技术成熟度评价就是科技成果评价的最佳方案和案例。到 20 世纪 90 年代,技术成熟度评价已广泛应用,成为应用技术成果评价方法的典范,其评价方法和操作程序也成为各国通用的国际标准。

英国的科技成果评价与我国的项目验收方式较为相似,主要是针对科技计划的目标和项目执行的效果进行检查和评价,属于项目结束后的评估。评估的内容是依据项目合同的要求,对项目的完成情况进行评价和验收。评估方法以定性分析方法为主,同时也含有定量的统计分析。英国的科研成果转化体制较为完善,因此应用性研究成果往往可以通过申请专利、企业认证等形式得到确认,专题科技成果评估主要集中于基础研究领域。英国曼彻斯特大学科技政策研究所创造了衡量原始目的和实现程度之间的差距评价研究成果的方法。

日本的科技评价始于 20 世纪 40 年代,到 60 年代初,以合议制咨询组织作为科技评价的机构。日本的科技评价范围包括机构评价、课题或项目评价和科技人员评价 3 个方面。日本的科技成果评价只评价课题执行情况,而不进行成果的评审;成果的评价是在成果转化应用出现成效之后,才进行评价。

德国的科技评估机构是政府之外的独立机构,为使科学评估更公正、更合理、更具国际性,首先,在科学评估过程中吸收国外专家组成"国际评估委员会"。其次,严格遵守评估原则和评估程序,以保证评估结果的公正合理。第三,根据评估对象的性质和评估对象的不同,合理设置评估的指标体系,并执行国际普遍认可、易于操作的评估标准。第四,严格遵守评估结果的落实程序,确保评估意见和建议得到执行。

第二节　国内的科技成果评价的情况

我国科技成果评价活动一直以科技成果鉴定和科技项目验收评价的形式为主要内容。成果鉴定属于科技成果评价的形式之一,项目验收属于项目执行情况的一揽子核查,其中包含项目成果的评价。

20 世纪 90 年代初,原国家科委尝试在国家重大科技计划项目中引入科技评估的制度。1996 年,出现政府组建的科技评估机构,广东省、深圳市、北京市等相继成立了地方性科技评估机构。1997 年 12 月,我国国家级科技评估评估中心成立。

1997 年 1 月,国家科委颁布《科技成果评估试点工作管理暂行规定》,将科技成果评估作为科技成果鉴定的补充,针对 1994 年颁布的《科学技术成果鉴定办法》中所列的 6 类不组织科技成果鉴定的成果开展评估。1998 年,国家重点新产品计划引入了评估机制,建立了以专家评价为主的评估、评审体系,通过中介机构进行客观、公正、独立的运作;随后,一些政府部门开始制定相应的科技成果评估办法。

2000 年之后,科技成果评价活动活跃起来,相关文献上发表了大量探讨科技成果评价的文章,内容涉及到科技成果评价的需求,科技成果评价制度的设计,评价指标体系的构建,不同科研成果的评价方式、方法和尺度,评估数据的收集与处理,评价过程的规范与标准,评价专家的遴选、约束和监督机制,影响评价结果的因素分析等方面。

2001 年,科技部相继出台了《科技评估管理暂行办法》《科技评估规范》《国家科研计划课题评估评审暂行办法》《关于改进科学技术评价工作的决定》《科学技术评价办法》《国家科技计划项目评估评审行为准则与督查办法》及《科技成果评价试点工作方案》等一系列有关科技评估制度和管理的办法。这些政策的出台,对指导和规范科技评估活动,推动科技评估事业发展都起到了重要的作用。

第三节　气象科技成果的评价活动

　　2005 年前后,中国气象局科技与气候变化司开始考虑如何开展气象科技评价工作,并将气象科技成果评价作为气象科技评价的 3 个评价方向之一。2011 年,承担科技部公益性行业专项"气象科技信息管理系统"项目的研究人员,通过深入研究,绘制出"气象科技评价范围框架图"(见图 2-1),清晰地描述了气象科技评价活动的重点领域。该框架图包含了当前开展的气象科技评价活动和未来拓展的领域,参见图2-1。

　　气象科技成果评价可分为基础理论成果评价、应用技术成果评价和软科学成果评价。评价的主要内容是成果水平、实用价值、成果成熟度、应用效果和效益等。其中,基础理论类成果的评价重点是指在基础研究领域中揭示自然规律的新认识、新发现和新观点。应用技术类科技成果的评价重点是新技术、新方法和新手段投入气象业务应用之后对预报预测水平、防灾减灾能力和服务效益的作用及提高的效果。气象软科学成果的评价重点是对管理决策的科学化和气象现代化的作用和影响,以及在理论、观点、方法等方面的创新性。

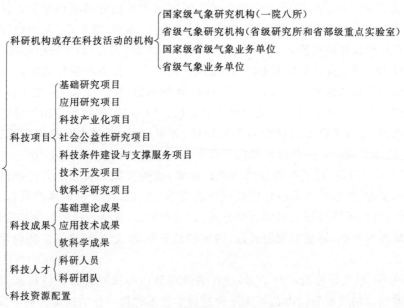

图 2-1　气象科技评价的分布

　　在气象科技管理过程中,对气象科技成果的评价,往往是以结题验收方式为主;评价的方法以同行评议方法为主;科技项目成果评价均在项目结题验收环节的一揽子过程中完成,单独组织对气象科技成果的专门评价为数不多。只是在气象科技成果有报奖需求时,才会专门请同行专家对所要申报的气象科技成果进行评议或鉴定。虽然有些成果评价的活动采用了评价指标的量化评价,但这些评价指标还都是试验性和一次性的评价行为,算不上常规性和成熟性的评价行为。

气象科技管理部门有组织、有计划地利用评价指标实现对气象科技成果的评价出现在 2005 年前后。2003 年 5 月 15 日,科技部等国家五部委联合下达了《关于改进科学技术评价工作的决定》,同年 9 月 20 日,印发了《科学技术评价办法》。2004年起,中国气象局科技发展司多次派员参加科技部组织的"科学技术评价培训班",了解科技评价的政策,学习科技评价的方法,同时开展了气象科技评价工作调研,并在政策和管理层面上着手一系列的工作,如组织相关人员研究、设计评价指标、编写评价管理办法、气象科技创新评价指标等。

2008 年,中国气象局科技司委托气象干部学院对气象部门所重大科研计划的项目成果进行应用效益的专项评估,开始尝试采用指标体系方法评价气象科技项目成果的应用效益。其后,连续 4 年(2009—2012 年)以科研项目的方式支持气象干部学院从多个角度开展了气象科技成果评价的研究。其间,项目参加人员设立成果分类、成果认定、成果后效评价、成果评价技术规范等专题,进行了初步的研究,并将数学、经济学、运筹学的定量分析方法运用到气象科技成果评价中,尝试采用定性和定量分析相结合的方法评价气象科技成果。此间,还先后采用指标评价方法,开展了公益性行业(气象)科研专项的中期评估、气象标准应用效果评估等科技成果的实践活动。2014 年,气象干部学院承担气候变化专项项目《气候变化专项绩效评估指标研究》,研究了以成果计量与换算为基础,以投入产出为核心指标的科研绩效量化评价方法。以上有关气象科技评价的研究成果为中国气象局出台《气象科技成果认定办法》提供了依据和技术支持。

2008 年前后,中国气象局出台了有关科技成果评价的文件,科技管理部门也开始尝试应用综合指标方法评价气象科技成果,但之后的实际应用还不普遍,更谈不上制度化、规范化、常态化。归纳其中原因大概有以下几点:

1)在认识层面上,采用评价指标的方法来评价气象科技成果还未取得部门内科技人员和科技管理人员的共识。

2)在管理层面上,气象科技成果评价的机构、体制和机制尚不健全;对各类气象科技成果的评价尚未提出刚性的管理要求。

3)在技术层面上,现有的气象科技成果评价指标体系对成果评价内容的覆盖面不足,也未形成一套有权威性、有规制特征和类型齐全的气象科技成果评价指标体系。

4)气象科技成果评价的基础性工作还未做到位,如成果的分类、数据处理、指标权重、模型算法等;气象科技评价技术规范尚未定型,难以实现气象科技成果评价过程中的统一的标准和规范的流程。

当前,在实施科技创新战略的过程中,为加快科技成果的转化,就要大力推进评估制度和科技评估体系建设。未来的科技评估将会融入科技计划项目全过程管理,其中也包括科技成果的确认、科技成果的转化和效益评估。在评价的技术方法上,会逐步扩大定量评价在科技评价中的比重。扩大分类评价、分层评价、指标评价的评价范围。逐步以量化和半量化、主客观相结合的指标评价方法取代仅由几个专家关门投票的主观评价方式。

随着国家层面上科技成果评价活动的政策环境变化和评价技术发展,气象科技成果评价活动也会进一步活跃起来,未来将会逐步健全气象科技成果评估的政策知道体系、业务运行体系,形成符合气象科学研究活动特点的评估方式、方法、标准和活动准则,逐步使评估的结果切实起到"科研指挥棒"的作用。

第三章　科技成果确认的基本原则、方式和方法

　　目前，在国内的科学技术活动中，对科技活动产生的结果泛称为科技成果，而在国外的科学技术活动中，就没有"科技成果"这个笼统的词汇，一般都是以具体的表现形式称之，如论文、论著、专利、标准、应用软件等。

　　科技成果评价，顾名思义，就是评价具有"标签"特征的科技活动结果，所谓的标签就是科技成果表现出的创新性、学术价值和实用价值，而不是科技活动所产生的任何结果。

　　本章将从"科技成果"与"科技业绩"的角度，讨论科技成果确认的概念及其确认的基本原则、方式和方法。

第一节　有关"科技成果"概念的讨论

　　近些年来，国内的科学技术活动蓬勃发展，科学研究的结果大量涌现，"科技成果"一词在各种场合的使用泛化。一些项目或课题的研究成果在未得到检验或验证之前就自称为科技成果；某些无创新内容的项目成果只要经过鉴定、评审的过程也称其为科技成果；某些无创新内容的科技工作业绩也称被作是科技成果。

　　从字面意义理解，"科技成果"是科学技术研究成果的简称，可以引申为科学技术研究活动取得的具有价值的结果。科技成果的内涵至少包括两个方面：一是经过了科学技术研究活动过程；二是取得了具有价值的结果。未经过科学研究过程的结果肯定不是科技成果；经过了研究的过程，但是其结果不具学术价值或实用价值也不是科技成果；成果的内容不具有创新性，且成果的创新性未取得一定程序的检验确认也不是科技成果。

　　"科技业绩"的字面解释是指已完成的科学技术活动和已实现的科技成就。按照这种定义，科技业绩的内涵可以理解为：开展了属于科学技术性质的工作，取得了相应的成绩。

　　对比这两个词的字面意思，可以说，"科技业绩"的词义包含了"科技成果"，但并

不是所有的、具有科学技术性质的工作都会产生"科技成果",因为有些科学技术工作的结果不一定有创新性,且不一定具有学术的价值。

从以上两词的辩义,并参考相关文献的解释[1],对"科技成果"和"科技业绩"内涵的界定如下:

科技成果一词的内涵是成果的内容必须具有创新性、学术价值和使用价值,具体内容包含:

1)对前人已有定论的概念、定律、原理等,做出否定性的科学论证,并为国内外同行学者所公认;

2)在周期长、难度大的重大科技攻关及高技术项目研究中,产生有重要学术价值和原创性的阶段性研究结果;

3)引进、消化、吸收某些国外、省外的科技成就,研制出具有"新"特点的技术、产品、设备,或对原科技成就加以改进和完善,对本身的技术发展起到了重要作用、具有地域新颖性的科技成就;

4)在科技成果的推广应用过程中,在技术内容和方法上有新的创造,并取得显著经济效益或社会效益。

科技业绩一词的内涵是指科学技术工作的成就或成绩,具体包括:

1)未经系统的科学分析和严格的试验过程所取得的偶然、无规律性且无法重复的结果;

2)仅进行过某些原理性试验,未形成较完整的概念,不能显示其学术意义及应用价值;

3)未经严格论证,不能揭示事物本质的结论;

4)学习、移植、仿制其他地区、部门的一般性新技术、新工艺、新产品及其他低水平重复科研项目;

5)收集、汇编他人知识、经验为主,缺少自己创新性科研内容的编著、教材、讲义、文献综述、学术评论等;

6)一般性的科技调查、考察,未产生规律性的认识,也不能提供普遍的指导作用;

7)一般科研项目的阶段性进展,或重大科技攻关项目及高技术研究中不能单独应用的阶段性研究结果;

8)在科技成果推广工作中,仅仅在推广范围上有所扩大,而在推广中解决技术难点上无创新内容。

第二节 确认科技成果的依据和区分的界限

1. 确认科技成果的依据

从文献上看,许多学者和科技管理人员对如何科学地鉴别、确认科技成果做过许多研究与探索。综合各种观点,确认科技活动的结果属于"科技成果"至少具有以下的依据:

1)必须经过科学研究活动的完整过程;

2)必须通过一定的评价方式和评价程序取得认可;

3)必须具备学术价值和实用价值。未经科技研究过程的结果,不是科技成果。经过科技研究过程但没有任何价值,也不属于科技成果。重复性科技工作的结果,理论上无新创见,技术上无新突破,也不属于科技成果。

2. 科技成果的区分界限

在具体的科技管理工作中,判定"理论发现""技术发明"和"发明专利"是否属于科技成果并不难,因为判定的依据或证明可靠,如,属于理论发现的研究成果都在权威的刊物上发表;属技术发明(发现)的成果有权威专家的认可,或有引用单位的应用证明,或有权威机构(专利)的审查公告等。但是,判定科技活动结果中"非发明""非发现"以及处在"发明"和"非发明","发现"与"非发现"之间的成果是比较困难的事情。

在科技成果的评价实践中,专家学者和从事科技管理的人员依据科技成果的特征,归纳出区分科技成果、准科技成果和非科技成果的经验性限界[2]。

科技成果的界限:

1)新颖性与先进性。成果有新的创见、新的技术特点或与同类成果相比有领先之处;

2)实用性与可重复性。实用性包括符合科学规律、具备实施条件、可满足社会需要。可重复性是指成果可验证、可复制;

3)具有独立、完整的内容和存在形式,如产品、工艺、材料等;

4)通过一定形式予以确认,如专利审查、专家鉴定、检测、评估或者市场以及其他形式的确认。

准科技成果的界限:

1)对前人已经定论的概念、定律等,做出否定性的科学举证,并在一定程度或范围内为国内外同行所公认;

2)重大或高科技项目成果中,可以单独应用或具有一定学术价值的阶段性结果;

3)引进、消化、吸收、改进国内外科技成就而研制出的新技术、新产品、新设备;

4)解决科技成果推广中的技术难点,又做出了创造性的贡献,取得显著经济效益或社会效益。

非科技成果的界限:

1)未经系统分析,科学试验,仅取得某些偶然的、无规律且不可复制的研究结果;

2)仅有原理性试验,而未形成完整的概念,且不能显示出其学术意义及应用价值的研究结果;

3)不能揭示事物本质的研究结果;

4)移植、仿制他人的一般性技术、工艺、产品及其低水平重复的研究成果;

5)收集、汇编他人知识、经验为主,缺少自主创新内容的编著、教材、讲稿、文献综述、资料汇编、学术评论等成果;

6)未得出规律性认识或具有普遍指导作用的一般性科技调查、科技考察的结果;

7)一般科研项目中的阶段性进展,或重大攻关项目及高技术研究中不能独立应用的阶段性研究结果;

8)在成果推广中,尽管成果推广的范围上有所扩大,但在改进解决技术难点方面无新的创造。

第三节　科技成果确认的方式

科技管理部门确认科技成果的方式有多种,如结题验收、成果鉴定、成果评审、行业准入、指标确认方法、机构评价等。

1. 结题验收

"验收"的含义是检验、查收。结题验收是项目执行方根据相关管理制度提交有关证明材料,由科技管理部门组织相关专家,采取同行评议方式进行甄别和评议,并给出是否通过验收的结论。

结题验收的内容主要包括项目研究计划内的目标是否已经全部实现,项目研究结束后所交付的成果是否达到立项时所做的承诺和要求,项目经费的使用是否合理合规等。

结题验收的功能主要是给项目研究的整体工作情况做出评价,其中也包含了对项目产生成果的评价。

结题验收是科技管理部门对科技项目或课题的执行情况进行检验和查收的管理过程和管理手段之一。多年来,气象部门对科技项目成果的确认一直以项目验收的方式为主。

从科技管理的流程上看,项目的结题验收既是对项目的管理结束,又是项目成果管理的开始。

2. 成果鉴定

"成果鉴定"是国内执行了几十年的一种科技成果确认的形式。由于成果鉴定的形式一直以来都是以科技成果参加各种评奖活动为目的，对科技成果的鉴定作用不突出，随着科技成果的评奖活动逐渐减少后，科技成果鉴定活动也就很少有了，以至近几年被废止或叫停。

在科技管理中，成果鉴定与成果评估有一定的区别，区别点在于：

1）行为方式不同。科技成果鉴定是国家政府机关的行政行为，而科技成果评估是第三方评估机构（有资质）的技术行为。

2）评价的范围不同。成果鉴定只对列入科技计划的应用技术成果进行鉴定，而成果评估的范围既包括科技计划内的科技成果，也包括科技计划外的成果。

3）评价的形式不同。成果鉴定可选择检测鉴定、会议鉴定、函审鉴定的方式，而成果评估则由评估机构采用指标评价方法独立完成。

4）评价的内容不同。成果鉴定的内容主要是成果的先进性和成果的水平，而成果评价的内容还包括成果的成熟度、适用性，应用价值及推广条件等。

5）评价的度量不同。成果鉴定一般是管理部门和专家的主观评判，科技成果评估则是依据评价指标量值的客观评判。

6）应用的范围不同。通过鉴定的科技成果主要是呈报颁奖，而成果评估的主要是用于成果的管理与应用。

3. 成果评审

"评审"具有评价和审定的双重含义。在一些科技成果评审办法中，"评审"的解释是指科技管理机构对科研活动产生的成果、成就或某种资格进行评价、审定，并给予某种形式确认的活动。科技评审组织者一般是各级科技管理机构，包括政府机构、科研基金组织、政府直属事业单位等。

科技成果的评审始于科技成果鉴定之前，大约在 20 世纪 50 年代开始。1994年，国家科委颁布了《科学技术成果鉴定办法》区分了"成果评审"和"成果鉴定"的概念，其标志是：

1）方式有别。评审主要采用专家会审的形式；鉴定采取综合指标的评判方法。

2）范围不同。组织"成果鉴定"的成果是列入国家和有关部门科技计划内的应用技术成果，以及科技计划外的重大应用技术成果；不属于这个范围的"科技成果"可以"评审"，但不组织"鉴定"。

4. 行业准入

所谓行业准入，即行业管理部门对技术、资金、设备进入某一行业的要求、条件和许可。如《气象观测专用技术装备管理办法》就是对气象观测设备列装气象部门的行业准入。

5. 指标确认方法

指标确认方法是国内近十几年来兴起的一种确认科技成果的方法。该方法是采用定量和定性相结合的综合性指标,用数学模型和成熟算法量化确认科技成果。近年来,在科技评价领域中,利用指标方法确认科技成果的案例逐渐增多;今后,利用指标确认科技成果或可成为一种主流方法。

2016 年 8 月,全国首个科技服务业团体标准(T/BTSA 001－2016 国)《科技成果转化成熟度评价规范》颁布,就是一项利用统计指标表现科技成果成熟度的技术标准。该项标准从"技术先进性、外部支撑性和市场转化性"3 个维度,在技术研发、技术人才、市场要素、资源要素、产品化要素、生产化要素及商业化要素 7 个中设置了 24 个具体统计指标,利用评价模型算法,确认科技成果的成熟度。此项标准适用于项目成果拥有方、需求方、金融机构、第三方评价机构及政府管理部门等对科技成果成熟度及其转化的量化评价。

从近期发表的相关文献和相关的评价实践证实,利用指标确认科技成果的实用价值、成熟程度、可靠性、经济性,完全可行,只要在指标设计、体系架构、权值设置等方面达到科学、合理,即可做出权威的科技成果认定结论。

公益性行业(气象)科研专项《气象科技项目/成果管理评估系统》(2 期)项目的研究人员考察和分析了气象科技成果的特点、成果管理的现状与需求,针对成果中的业务工具类成果,设计出气象科技成果认定的指标体系,可以用与气象科技成果的判别和认定。

该指标体系内含重要性、创新性、先进性、成熟度、适应性、实用性 6 个一级指标,以及对不同类别成果的 55 个评价点,并制定出确认气象科技成果的量化规则和评分标准。

经指标测试和成果认定试验,该套指标和算法可以用于气象科技成果的认定。

6. 机构评价

机构评价是指由国家批准的编辑出版机构、技术监督机构、专利审查批准机构、标准审查批准机构等具有相应资质的专业机构对科技成果的评价。

7. 其他方法

除了以上一些常见的科技成果确认方法之外,近些年,科技管理研究和管理工作者,对如何界定科技成果进行了多方面研究和探索,提出了有别于上述方法的方法。

1)以科技成果的新颖性为核心要素确认科技成果的方法[3],即依据"相同排斥原则"和"单独比较原则"判别科技成果新颖性,再确定是否属于科技成果。"相同排斥原则"是指若发现已存在"相同的成果",则不具备新颖性,即不属于科技成果。"单独比较原则"是指应当将科技成果的创新点与每一份有相同技术内容的文献进行比较,而不是单独比较几份相同的文献。

2)以科技成果的创新性在管理能级上的相对性的方法[3],即,观察科学研究的结果在其管理能级上是否具有相对创新性来判定是否属于科技成果。

第四章　气象科技成果评价概述

气象科技成果评价是气象科技管理过程中的一个重要环节,虽在不同的历史时期内,在不同的政策环境下,在不同的管理要求中,气象科技成果评价的内容有所不同,采用的评价方式和方法有所不同,但其所表现出的现实意义和积极作用基本一致。

第一节　气象科技成果评价的意义与内涵

1. 气象科技成果评价的意义

气象科技成果评价在实现气象科技管理科学化,引导气象科技资源的优化配置,促进气象科技成果向气象业务工作的转化,加强知识产权的保护工作等方面都具有重大的现实意义,包括:

1)客观判别气象科技成果的学术价值和使用价值;

2)充分发挥成果推介作用,促进成果的转化;

3)引导气象科技资源汇聚在科学意义大、应用价值高、业务需求紧迫的研究方向上,为科技资源的优化配置,科技项目的宏观调控,科技力量的合理布局,提供有意义的参考依据;

4)强化气象科技成果的知识产权保护,避免发生技术侵权,维护技术持有方的合法权益。

2. 气象科技成果评价的内涵

气象科技成果评价的内涵是,评价主体依据公认的评价标准,以指标量化方式和成熟算法,对气象科技成果的学术价值和实用价值进行衡量和评别的技术行为。

气象科技成果评价由评价的主体、客体和中介(包括评价标准、方法和程序)3个基本要素组成。气象科技成果的评价是气象科技管理的手段,具有判断、选择、预测和导向的功能。

作为气象科技评价体系中的一部分,气象科技成果评价是气象科技管理工作的重要环节。气象科技成果评价既可以准确判别气象科技成果的学术水平、应用效果和实用价值,又可以反映气象科技项目的科学性、可行性和有效性,可为科技决策和科技管理提供有价值的参考意见和政策依据。

科学、合理、客观、公正的气象科技成果评价对于繁荣和发展气象科技事业,调动气象科研人员的积极性,推动气象科学研究多出成果、多出人才,有很重要的现实意义。

第二节　气象科技成果评价的原则与内容

1. 气象科技成果评价的原则

关于科技成果评价的原则,相关文献上有多种表述,根据气象科技成果评价活动的经验和体会归纳,大致有以下几点:

1)科学性原则

科学性原则是指成果的评价必须建立在评价数据真实可靠,评价指标严谨确切,指标体系结构完整,评价方法成熟简练的基础上。

2)系统性原则

系统性原则是指在科技成果评价活动过程中,将评价对象看作有机整体,充分考虑到各构成要素间的互相依存、互为补充的关系,既要体现各构成要素的相对独立、又要实现相互制约。

3)客观性原则

客观性原则是指在气象科技成果评价过程中,评价数据客观,成果特征客观,评价指标客观、评价过程客观。

4)可比性原则

可比性原则是指在气象科技成果的评价中,尽可能使评价数据可比,评价指标可比,评价结果可比。

2. 气象科技成果评价的内容

从近几年气象科技成果评价的研究与实践中,归纳气象科技成果评价的主要内容是:

1)成果的先进性、创造性

先进性、创造性是判断一项技术成果价值的前提和关键内容。在气象科技成果评价的指标体系中,先进性和创造性指标都是指标体系的首选指标。

先进性是指科技成果在学科领域、业务序列、技术单元中处于前沿和领先的位置。

创造性是指科技成果在学科领域、业务序列、技术单元中属前人未曾取得,且具有学术价值或实用价值的特点。

判断成果的先进性和创造性时,应熟悉科技成果所属的学术技术领域国内外的状况,掌握成果先进性、创造性的实质内容、特点以及对学术技术发展的贡献及影响。

2)成果的成熟性

成果的成熟性是判断科技成果是否达到无瑕疵、可应用的程度。成熟性指标是科技成果评价指标体系中的关键指标,关系到技术转化是否可行,成果能否与实际业务无缝对接。

在评价气象科技成果的成熟性时,一般都是依据成果所处状态的表述,如"实验室""业务试验""业务试用""准业务化""业务化"等。

3)成果的实用性或可行性

实用性与可行性是衡量成果是否具有应用价值的重要指标。实用性是指成果在实际应用中体现出价值和效果的统一。可行性是指成果的使用与应用条件的适配度。有时,具有实用价值的成果未必在实际工作中可行。可行性指标是要体现科技成果与实际业务衔接、符合业务需求、被业务单位接纳的情况。

4)成果的技术难度

技术难度是指成果创造时的技术复杂程度和难易程度。一般来说,技术工艺和过程复杂时,影响技术开发的因素就多,创造成果的难度就大。在气象科技成果评价中,技术难度是一个设置评价指标的构成要素。因为各种科技计划项目的项目任务、研发目标、前期基础、技术条件等的很大的差别,创造科技成果的技术复杂程度有很大的不同,自然会有技术难度的差异。在实施气象科技评价过程中,若要取得较为公正的评价结果,就要考虑科研项目执行的难易,并对难易的程度作出区分。区分点主要体现在成果形成的难度、技术创新过程的难度、取得成果的难度等方面。在"气候变化专项科研类项目绩效评价"的研究过程中,项目组就曾采用专家评议的方法进行项目难易程度区分,取得不同科研项目执行的难易系数,用于项目绩效和成果价值的评分过程,订正由于技术难度的差异造成难度大的项目成果评分低的现象,以使科研绩效评价的结果更为公正。

5)成果的技术价值

技术价值是指成果在转化与应用中产生效益的技术性作用。在一般的科技成果评价中,可根据成果的估值、前期投入及未来收益等指标,对该成果的技术作用做出判断。

气象科技成果的技术价值难以直接量化,一般以科研效益、业务效益、服务效益的主观评价为主,技术价值主要体现在提供业务能力、工作效率、降低运行成本等方面。

6)成果应用的经济效益

经济效益是指成果转化应用后在经济上所取得产生的收益。对于应用性技术成果来说,经济效益是一个重要的评价指标,其内容包括:成果的技术寿命、适宜的投资规模、规模收益、成果对收益的贡献。

目前,气象科技成果应用的经济效益无法直接体现;间接体现的经济效益也不易量化表达。

7)成果应用的社会效益

社会效益是指气象科技成果对国家、社会的贡献,如防灾减灾、减少损失、节约能源、改善环境,以及促进社会发展等内容。

气象科技成果的社会效益无法直接体现;间接体现的社会经济也不易量化表达。

8)成果应用的技术风险

技术风险是指气象科技成果在应用转化过程中可能会遇到其他技术方法,以及工作环境条件和作业方式等方面的挑战,从而影响或改变成果应用效果的正常发挥。

第三节　气象科技成果评价的主要方法

在气象科技成果评价的实践过程中,采用了多种评价方法,其中,应用较普遍的评价方法有以下几种:

1. 文献计量分析方法

在气象科技成果中,有一大部分成果是论文,估计论文的数量占年气象科技成果总量的 70% 左右。论文类成果的特征是引用率、平均被引次数等指标,文献计量分析就是从文献的这些特征入手,通过文献计量分析反映论文(论著)的影响、时效性和效用。该方法的前提是,假设任何一项科研都有价值,并认为论文一经发表就承认专家或编辑认同其质量;而如果论文被其他人引用则表明认可论文的权威性和真实性,引用得越多就越有价值。

中国气象局图书馆出版《气象科学论文文献计量统计年度报告》,就是利用国内外气象和大气科学领域科技论文的统计信息,应用文献计量的方法对中国气象局与国际同行的论文产出数量进行对比分析,并从 SCI(英文全称:Science Citation Index,中文全称:科学引文索引)和非 SCI 的发文量、被引频次、学科领域等角度的排名上,综合评价出中国气象科技的创新力和学术影响力,以及与美、德、英等发达国家的差距。

文献计量分析方法评价气象科技成果(论文)的最大优点是具有定量评价的功能,其次是,在评价过程中不会受到个人主观因素和其他非科学因素的影响,评价的结果具有较为客观。国外曾有一项研究表明,文献计量分析与同行评议结果的吻合度总体上在 60% 左右,这就证明文献计量分析作为科技成果评价的方法比较可靠,尤其在反映国家或科研队伍的规模和科研能力方面。

当然,文献计量分析方法也存在一些问题,比如,该方法假设所有的引用为同等重要,这种现象在现实环境中不可能出现。事实上,很多论文被引用是由于各种各样的想法,或是为了提出反对的观点等。文献计量分析方法无法把这些因素考虑进去,而只能把这些引用都作为正面、积极的引用进行统计。又如,一般在引用时只提到第一作者的姓名,而在不同的领域论文的署名惯例并不完全相同;再如,有些科研人员为了增加被引用的次数,会人为地采取一些手段提高引用率。

对于气象科技成果的评价来说,文献计量方法只能评价"论文"这种知识类的成果,无法评价非文献类的应用技术类成果,如,仪器装备类成果中的是仪器样机、元器件等实物型产品,以及由计算机、应用软件、数据库、外设构成的气象业务系统。

2. 成果计量分析方法

考虑到气象科技成果的不同表现形式和特征,气候变化专项《气候变化专项绩效评估指标研究》课题的研究人员,借鉴文献计量分析的思路,应用经济学中等价交换的原理,以换算的方式将不同表现形式的成果折合成同一量纲的可比数据,形成了成果计量分析的方法。该方法的一个基本前提是由科学共同体在各种不同表现形式的成果中确定一种成果的载体,或论文、或论著、或应用软件……,作为各种成果互相换算或折算的基准;用专家评议法或层次分析法确定不同载体成果的折算系数,编制成果折算系数表,将不同表现形式的成果换算成同一表现形式的成果,这样就初步解决了不同载体形式气象科技成果数据的归一化处理,实现各种不同表现形式成果的可比性。

目前,气象科技成果计量方法已用于气候变化专项的绩效评估试验,项目研究取得的这项成果经过专家验收认可。但是,气象科技成果的计量还仅限于气候变化专项所产生的各种表现形式的成果,未涉及其他科技计划项目所产生的成果;且气候变化专项成果换算系数也待于进一步合理化。另外,成果计量的方法只是针对成果的数量,无法在评价的过程中衡量气象科技成果的质量。

3. 同行评议方法

同行评议方法是科学共同体内进行自我评价和自我纠正的一种方法,属科技成果评价中的定性评价。美国国会技术评估办公室给同行评价方法的定义是:"同行评议是用于评价科学工作的一种组织方式。这种方法常常被科学界用来判断工作程序的正确性,确认结果的可靠性,以及分配科研资源,确定资助经费和特殊荣誉等。"英国同行评议调查组给同行评价方法的定义是:"由从事该领域或接近该领域的专家评定一项研究工作的水平或重要性的一种方法。"

在国外,同行评议方法是使用频率最高,使用范围最广,使用历史最久的评价方法。

在国内,科研管理部门在科技立项、验收、审查、鉴定等工作中普遍采用同行评议的方法。在气象科技管理中,同行评议方法也是进行事前、事中和事后评价的主要方法。

同行评议的优势是专家拥有对学术问题的决策权力,具有主观判断的属性,评价的结果亦会受到个人的好恶、远近亲疏和个人关系的影响。采用同行评议方法进行科技成果的评价,首先要考虑评价专家的诚信度和独立性,严格选择评价专家,这样可以将同行评议过程中主观因素影响的程度减到最低程度,若再以文献计量分析或其他的定量评价方法辅之,成果评价结果的可信度会更高。

4. 案例分析法

案例分析法属一种半定量的评价方法。此方法可以对重大科学事件和项目实施过程进行分析。该方法的主要优点是能够分析机构、组织或技术因素在科学发展过程中发挥的作用,尤其是能够帮助确定重要的非知识性产出,如某项计划或项目形成的人员或机构之间的合作,培养的科研人才,某些成果高产的研究机构的发展过程等。该方法的缺点:一是成本比较高;二是分析人员的主观因素、分析技能水平和知识面对评价结果的影响较大。

5. 回顾性分析法

回顾性分析法与案例分析方法类似,也属于一种半定量的评价方法。该方法经常由一组专家共同进行,通过回顾历史来对科学研究及成果进行评价。该方法一般主要针对多个科学技术创新活动或计划进行分析。

回顾性分析法的主要特性是能够确定不同科研活动或项目、计划之间的关联。该方法的缺点是过程比较长,不适合进行短期评价。

6. 综合指标评价方法

目前的综合指标评价方法还是一种定量与定性相结合的评价方法。综合指标评价方法是通过层次分析法等方法将多个评价指标值"集合"为一个整体性的综合评价值。综合评价方法包括主成分分析法、数据包络分析法、模糊评价法等。综合指标评价的构成要素有:评价者、被评价对象、评价指标、权重系数、评价模型和计分方法。

综合指标评价方法的实施过程包括:设置综合评价指标体系;收集数据,并对不同计量单位的数据进行同化处理;确定指标体系中各项指标的权数;对经过处理后的指标再进行汇总计算出综合评价指数或综合评价分值。

第四节　气象科技成果评价的步骤

气象科技评估的主要步骤与流程有:分析评价的目标、对象与内容,收集评估原始资料,设计调查问卷,采集、处理和统计评估数据,编制评估数据集,设计指标体系,指标权重赋值,制定评分办法和规则,制定评分标准和规则评分,分析评估结果,撰写评估报告等阶段。

根据近些年来气象科技评价工作的经历和体会,评价作业的主要过程可归纳为:

1. 分析评价的目标、对象与内容

接受气象科技成果评价的委托任务后,首先要对评估的对象、目标、评估的重点和评估的范围、内容和要求等相关问题深入地进行分析研究。如气象科技成果应用效益的评价首先要清楚产生成果的项目类型、载体形式、成果数量及成熟度、适应性及可以转化应用的领域等；客观分析成果与应用的关系链和关键环节，从而确定所有与应用效益有关的评价要素；在各种评估样本中，确定符合评价目标和要求相关的数据链。再如，气象科技成果后效评价首先要搞清楚科技成果后效的概念、内涵、时空边界，以及可以反映成果应用后效的相关要素和范围等。

2. 围绕评估的目的和任务，制定详细的评估计划

在深入分析研究了评价对象、内容、任务、目标和要求之后，围绕着以上内容，与委托者共同商定评估计划。评估计划包括：评估的目的和范围；评估的途径和方法；评估所需的资料和相关信息；评估的时间与进度；评估的人员配置与分工；评估报告提交时间等。2008 年开展气象科技项目成果应用效益评估时，项目组就是与委托者多次沟通后，共同制定了评估的实施计划，并签订了委托书。委托书的内容包括以上内容，以及双方应遵守的规则和义务。

3. 确定评估队伍

评价机构要根据委托评价的内容和任务，组织可承担此项评价工作的队伍。不同的评价任务，要有不同的评价人员结构。如研究类科技项目成果的评价就要吸收研究单位的学者和专家组成；应用技术类的成果评价就要吸收业务和应用单位的人员组成。总之，依评估内容和要求，选择合适的评估人员。

4. 采集与处理评价数据

根据评估目标和内容的要求，制定数据采集和数据处理的方案。评价数据主要有两种类型，一种类型是反映科技成果情况的客观数据，如成果数量、技术指标、成果转化率；另一种类型是无法量化表示的文字信息，如社会效益、经济效益、服务效益等。

对于反映成果情况的客观数据可直接从相关材料中采集；对于非量化信息则需要通过一定的技术方法将其转化成量化的数据。

5. 选择评估方法，制定评估的规则

根据科技成果的类型、特点、评估目标及外部环境等具体情况，选用适当的评估方法，并制定相应的评价规则。如对具有可比性科技成果，可根据技术性能、应用环境、作用影响等因素差异，采用数学的方法确定评估分值和评分规则；对不具有可比性科技成果，采用专家咨询的方法确定评估分值和评分规则。

气象科技成果评价的实践表明：任何的评估的方法和规则都不可能适用于各类评价活动。科技成果评价的数据获取、评价方法和评分的规则都要根据评价过程中实际面对的具体情况和需要，依据一定的原则而作适当的选择和处理。

6. 分析评价数据

评估数据集形成之后，要进行数据的统计分析和相应的数据校正。数据分析可

以取得评价的结果；数据校正可以评价的结果更加客观。比如，在行业专项中期评估项目时，鉴于各分组评价专家对项评分的把握松紧不一，产生了不公正现象，评估组通过数学方法校正了评价的数据，使得评价的结果更接近真实。

7. 形成评估报告

评估报告书是按照一定格式和内容来反映评估内容的报告。根据国家有关论证评估工作制度有关规定，完成评估工作后，说明评估过程和结果的书面报告是具有相应法律责任的证明文件。

第五章　气象科技成果的指标认定方法

在现行的气象科技成果管理过程中,可体现出成果认定的功能方式和过程主要有成果鉴定、项目验收、成果报奖和机构批准的方式。

中国气象局科技与气候变化司公布的《气象科技成果登记公报(2011)》中的统计数据显示,在确认气象科技成果的方式中,项目验收占81％;鉴定、评审、行业准入、科技评估等方式占19％。因为,论文、著作、数据集、图集等文字型气象科技成果一经正式发表,著者就享有著作权,受到法律法规(著作权法)上的承认;应用软件、数据库等数字型科技成果一经正式登记,享有软件著作权,也受到法律法规的承认;技术标准,一经国家标准管理部门审理公示,发布实施,同样是法律法规的承认;专利,一经国家专利机构审理公示,也是法律法规的承认,以上这些表现形式的气象科技成果都属"机构评价"的方式确认,再无需用其他方式给予确认。

多年来,鉴定、验收、行业准入、科技评估这几种成果确认的方式和过程承担着对气象科技成果的认定功能。但在具体的管理过程中,多以项目验收方式承担确认气象科技项目成果的功能,不再以单独的方式对气象科技项目成果进行专门的考察、甄别、验证、评价。因为有些科技计划项目的成果不在机构确认的范围内,也无法得到法定机构的确认,如,气象科技项目研发的各种业务平台、管理系统、操作系统、数据库、应用软件、技术规范、技术报告、咨询报告、评估报告等成果,于是这些气象科技成果的确认就存在着管理上的空白。为此,《气象科技信息管理系统》(2 期)项目研制出一套确认气象科技成果的指标、标准和规则,对类型不一、表现各异的气象科技成果(集成和单体),通过指标认定的方法确定成果的学术理论价值、业务实用价值、成熟程度、生命周期、推广前景等,从而做出公正、客观、权威的判别和确认,以补充"成果鉴定""项目验收""成果报奖"和"机构认定"等方式对气象科技项目成果认定的功能。

第一节　指标认定成果的概念、意义与范围

1. 指标认定成果的概念

对气象科技成果采取"指标认定"的方法和过程是气象科技管理的节点,属科技

管理部门的管理行为,可与"项目验收"和"成果鉴定"并列为气象科技成果的管理行为。

气象科技成果指标认定的主要功能是对成果的可靠性、应用前景和应用效果做出权威评价;评价点聚焦在气象科技成果或研究结果的应用性、效果与作用方面,而非项目验收中或成果鉴定中的技术水平、技术性能等。

2. 指标认定成果的意义

在目前的气象科技管理过程中,项目验收的流程包含了成果认定的功能,但是未体现专门针对项目成果的评价,尤其是对成果的应用前景、应用效益、技术作用和效果等方面的评价不足。气象科技成果的指标认定作为气象科技成果管理的一个环节,具有 3 个方面的意义:

1)为气象科技成果的转化应用提供权威和可靠的支持和帮助,推动气象科技成果尽快转化成气象业务能力。

2)检验科技项目的执行情况,提高科技项目执行的有效性,实现对科技项目的微观调节。

3)从成果资源的存量、增量及其分布状况的角度,掌握气象科技活动的趋势、重点方向,并依此调控科技项目的规划与布局、校准与调整科技研发方向,整合与配置科技力量与资源等。

3. 指标认定成果的范围

气象科技成果指标认定的范围就是规定在气象科技成果中,哪些成果需要认定,哪些成果无需认定。参照中国气象局 2005 年《气象科学成果鉴定规程》(QX/T 34－2005)确定的范围,气象科技成果的认定范围是国家和省、自治区、直辖市以及国务院有关部门各类科技计划内的应用技术成果。不宜组织认定的气象科技成果有:基础理论研究成果、软科学研究成果、已申请专利的应用技术成果、已实施转让的应用技术成果、单位和个人自行研发的一般应用技术成果;非科技项目支持的气象科技成果;国家法律、法规规定必须经过法定的专门机构审查的气象科技成果。

2018 年,中国气象局办公室发文《中国气象局科技成果业务准入办法(试行)》中规定准入的成果是:"在科研项目研究过程中面向业务应用开发的系统、平台、仪器、设备、软件,以及尚未形成标准的数据产品、方法、指标等科技成果。"

2018 年,气象行业标准《气象科技成果认定规范》规定的范围是:"在气象科学研究、气象工程业务建设和气象服务等过程中形成的系统、平台、设备、软件、数据集、方法、指标、业务技术报告、科普作品以及重大技术标准研究成果等;以及在全面推进气象现代化建设中形成的业务发展报告、决策服务材料、发展战略、规划计划、重大软科学研究成果和培训讲义等。"

以上业务准入和成果认定范围的气象科技成果均在气象科技成果指标认定的范围内。

第二节 设计思路与指标要素

1. 设计思路

气象科技成果认定指标体系的设计思路是以业务实用为价值取向,以成果转化为管理意向,以推广应用为实现目标,将分散在其他科技管理环节中可行的认定方法和规则,集成在气象科技成果指标认定的操作过程里,并按照规定的技术路线和规则运行。

在认定气象科技成果的过程中,设置成果认定的指标是实现成果认定客观化、规范化、定量化的基础。指标体系的科学性、有效性和可行性直接决定成果认定的结论是否准确、合理。其中要考虑到:

1)指标要素之间具有合理的逻辑关系,如成果的表现形式、主要特征、技术内容、技术作用、成果应用的状态及前景等。

2)不同类型的成果采用不同的指标。对科学认识类的成果,采用科学意义和学术价值方面的指标;对业务工具类成果,采用创新性、先进性、成熟度、适应性、实用性等方面的指标;对管理咨询类成果,采用学术水平和应用效果的指标。

3)以指标权重的差异体现不同的确认要素。

4)对应用状态暂不清晰,但预测前景趋势较好的成果在认定指标上有所考虑。

2. 主要指标要素

气象科技成果的认定指标是准确反映成果特征的名词,一组种属关系明确,并列关联密切的指标名词。指标筛选的恰当、准确,指标体系构建的科学和可行性将决定成果认定的结果是否真实与可信。

经过反复筛选,不同类别成果的核心指标要素:

1)"科学意义""学术价值"——科学认识类成果;

2)"重要性""创新性""先进性""成熟度""适应性""实用性"——业务工具类成果;

3)"学术水平""应用价值"——管理咨询类成果的核心指标要素。

3. 指标解释和指标体系(以业务工具类成果为例)

1)重要性。重要性是指气象科技成果在业务应用中的作用表现程度,属突出,还是明显,还是作用一般。

2)创新性。创新性是指气象科技成果在技术方法上的创新特征,属发明创造,还是升级改造,还是引进模仿。

3)先进性。先进性是指成果所达到的学术水平或技术地位,属领先、还是略高,还是同等。

4)成熟度。成熟度是指成果的熟化程度,属实验室成果、业务实验成果、业务试运行成果,列入业务序列成果。

5)适应性。适应性是指科技成果对自然环境、运行环境、资源条件或技术开发能力等要素的适配程度。

6)实用性。实用性是指科技成果的应用适应与业务或社会的需要,并具备可操作性。

以上指标要素经筛选后,依据评价对象的逻辑关系,以并列关系和种属关系架构成多层次的指标体系,见表 5-1。

表 5-1 业务工具类成果认定指标体系与量化规则

一级指标	评价点			分值	评价等级(k_i)				
	技术方法	仪器装备	业务系统		1.0	0.8	0.6	0.4	0.2
重要性 X_1	辅助	辅助	辅助	$\triangle x_{11}$					
	支撑	支撑	支撑	$\triangle x_{12}$					
	核心	核心	核心	$\triangle x_{13}$					
创新性 X_2	引进	组装	扩展	$\triangle x_{21}$					
	集成	升级	升级	$\triangle x_{22}$					
	创新	发明	新建	$\triangle x_{23}$					
先进性 X_3	国内先进	国内先进	国内先进	$\triangle x_{31}$					
	国内领先	国内领先	国内领先	$\triangle x_{32}$					
	国际先进	国际先进	国际先进	$\triangle x_{33}$					
成熟度 X_4	实验阶段	样机	试运行	$\triangle x_{41}$					
	中试阶段	定型	准业务化	$\triangle x_{42}$					
	应用阶段	量产	业务化	$\triangle x_{43}$					
		列装		$\triangle x44$					
适应性 X_5	专业内	部门内	省内	$\triangle x_{51}$					
	跨专业	跨部门	跨省	$\triangle x_{52}$					
	跨学科	跨行业	跨区域	$\triangle x_{53}$					
实用性 X_6	一般实用	一般实用	一般实用	$\triangle x_{61}$					
	具体实用	具体实用	具体实用	$\triangle x_{62}$					
	社会实用	社会实用	社会实用	$\triangle x_{63}$					

注:一般实用指该成果具有可操作性;具体实用指该成果能够解决预期能解决的问题;社会实用指该成果的应用能带来一定的社会效益。

第三节　规则及算法

气象科技成果的认定规则是实施气象科技成果指标认定活动的技术配置之一。本规则借鉴以刊物等级确定气象科技论文价值的方法，制定了业务工具类气象科技成果的量化规则与标准，如表 5-2 所示。为方便计算，表中各项指标值取整数。

表 5-2　科学认识类和管理咨询类成果认定指标的量化规则与标准

一级指标	评价点	分值	评价等级（k_{ij}）				
			1.0	0.8	0.6	0.4	0.2
学术水平 X_1	1. 所依据理论和技术的正确性、先进性	Δx_{11}					
	2. 所提出概念、观点、方法等的合理性	Δx_{12}					
	3. 所提出概念、观点、方法等的理论深度	Δx_{13}					
	4. 对拓宽学科领域、推动学科发展的贡献	Δx_{14}					
应用价值 X_2	1. 对业务活动的指导意义	Δx_{21}					
	2. 实现业务应用的难易程度	Δx_{22}					
	3. 所解决业务问题的重要程度	Δx_{23}					
	4. 推广应用后取得的社会效益和经济效益	Δx_{24}					

如表 5-2 所示，根据指标不同的行为表现，结合不同类别成果的典型特征，认定规则与标准分为不同的评价点和评价等级。成果认定指标综合得分的最高分值为 100 分，即：

$$X = X_1 + X_2 + X_3 + X_4 + X_5 + X_6 = 100$$
$$X_i = \Delta x_{i1} + \Delta x_{i2} + \Delta x_{i3}（i = 1，2，\cdots，6）$$

其中仪器装备类成果 $X_i = \Delta x_{i1} + \Delta x_{i2} + \Delta x_{i3} + \Delta x_{i4}（i = 4）$。

对不同类型的业务工具类成果进行具体的评分操作时，首先确定该成果各指标对应评价点所处的状态，专家可根据成果的具体特征，结合相应的评价等级中给出确定分值。对于仪器装备类成果，其认定指标"成熟度"包含"列装、量产、定型、样机"四种表现状态，表 5-2 中对应给定了四个不同分值，四个分值之和等于成熟程度所能得到的最高分值 X_4。

由于业务工具类成果各指标评价点的层级差异表现较明显，所以各指标得分采取累加的方式。例如，仪器装备类成果中，对于成果先进性的分值计算，成果在不同情况下的得分分别为：

国内先进——$x_3 = \Delta x_{31} \times k_i$

国内领先——$x_3 = \Delta x_{31} + \Delta x_{32} \times k_i$

国际先进——$x_3 = \Delta x_{31} + \Delta x_{32} + \Delta x_{33} \times k_i$

成果认定指标的综合得分为：

$$x = x_1 + x_2 + x_3 + x_4 + x_5 + x_6$$

科学认识类和管理咨询类成果认定指标的量化规则与标准如表 5-2 所示，在进行综合评分时，具体操作方法与业务工具类的有所不同，需要针对每个评价点分别给出评价等级，成果的综合得分为：

$$x = \sum_{i=1}^{2} \sum_{j=1}^{4} \Delta x_{ij} \times k_{ij}$$

成果综合得分的最高分值为：

$$X = \sum_{i=1}^{2} \sum_{j=1}^{4} \Delta x_{ij} = 100$$

表 5-2 给出了不同类别成果的评价点，但确定各评价点的分值是评估结论最终能够量化的关键。成果认定的各指标及其对应的评价点都对应着一个最高分值，所有指标的最高分值之和为 100 分。各指标或评价点之间最高分值的比较可视为权重分配的问题。

第六章　气象科技成果的分类

近些年,气象科研的项目数量和经费额度大幅增长,由此而产生大量的科技成果。据粗略估计,每年气象科技项目所产生各种表现形式的科技成果有上万件。成果涉及学科范围覆盖了大气学科类目下所有的二级学科,如大气物理、大气探测、天气动力、气候动力数值天气预报等;此外,气象科技成果还与自然科学中的数学、物理学、化学、天文、地理、信息与通信、计算机、化学、农业、环境等十几个一级学科有交叉;成果的应用领域涉及国民经济诸多行业,如农业、水利、交通、民航等;成果的表现形式有论文、论著、计算机软件、气象探测仪器、气象检测设备、元器件等数十种。

第一节　分类的概念与意义

1. 分类的概念

"分类"是各门学科都普遍使用的认识和研究客观事物的一种逻辑思维方法。分类活动是同类事物相比较的基础,在科技成果评价的过程中具有非常重要的意义。

分类是指依据客观事物的属性或特征进行区分和类聚,并将区分的结果按照一定的顺序予以组织的行为。一个完整的分类体系包括两个方面:一是根据事物的属性进行区分分组,把具有相同属性的事物集中在一起;二是将区分出来的对象按照其内在的关系逻辑、相同点和相异点集合,分别排序组合。

成果分类是依据成果的共同点和差异点将成果分门别类列出,然后再根据共同点和差异点将成果集合在大大小小、层次各异的类别里。在成果的分类体系中,上下层次为种属关系,上一层次是下一层的种,下一层是上一层的属。这样,分类的结果就将事物区分为具有一定从属关系、层次不同的大小类别,以致构成类别系统。成果分类的方法有交叉分类法,树状分类法等。

气象科技成果的分类依据气象科技成果的内容、载体形式或其他特征,按照种属关系的层次,采用交叉分类的方法,分门别类地为各种不同类型、不同载体、不同功能、不同作用的成果,划定类别的边界,给出不同的类别标识,以示不同气象科技成果的差异。

2. 分类的意义

在气象科技成果的评价中,面对种类繁多、形式多样的评价对象,用同一把尺子或相同的尺度去度量非同类的评价对象,评价的结果往往失信失真。原因在于,评价对象在本质和特征上的差异导致它们不具可比性。此外,不同的评价组织和人员可能对同一评价对象有不同的看法,导致评价尺度上的差异,结果是不同的评价组织给同一评价对象做评价时,出现不同评价结果的现象。为此,建立气象科技成果分类体系,实现不同科技评价人员对各种不同类别气象科技成果的类别共识,以避免出现上述问题。

第二节　分类的原则与规则

1. 分类的原则

1)准确性原则,即在充分考虑每件成果的内容、性质或载体形式的基础上,准确地选定分类标识。

2)适当性原则,即以内容归类,或以表现形式归类,或以其他方式归类都不足以区分成果的差异时,考虑以其他方面的差异,如等级、层次、规模等作为分类的依据。

2. 分类的规则

气象科技成果分类的总思路是交叉分类。类别的层次暂定为 3 级。一级类目依据成果的功能,二级类目依据成果的载体形式分类,三级类目依据成果的特征分类。

一级类目按照气象科技成果的功能分为"科学认识类"成果"业务工具类"和"管理咨询类"成果。3 个一级类目决定下层类目的种、属关系。

二级类目按照气象科技成果的载体形式分为论文、论著、研究报告、数据集、图集等。

三级类目按照气象科技成果的特征(层级、影响力、规模、范围等)分类,如论文可按刊物影响力分成 A、B、C、D 4 类,A 为学科级期刊,B 类为核心期刊,C 类为一般期刊,D 为内部期刊。论著的下层类别可划分为专著、编著、译著、文集等。数据集的下层类别可分为综合数据集、专题数据集、多要素数据集、单要素数据集等。

第三节　分类表框架

气象科技成果的分类是依据气象科技成果的功能作用、表现形式和涉及领域的混合分类方法,采用从总到分、从一般到具体的逻辑系统。气象科技成果的分类参考了《中国图书馆图书分类法》中的分类排列,建立气象科技成果的分类体系。

本节依据气象科技成果的功能作用、表现形式和涉及领域的混合分类,采用从总到分、从一般到具体的逻辑系统。

一级类别按气象科技成果的功能分为 3 大类:即科学认识类、业务工具类和管理咨询类;类目的符号标记,分别以 S、T 和 M 为表示,以求简单、易懂、易记;其后的序号为此类别中成果种类的排序,如,S 为科学认识类,S1 为论文、S2 为专著;T 为业务工具类,T1 为技术方法,T2 为仪器装备,T3 为业务系统(表 6-1)。

表 6-1　气象科技成果分类框架

符号	总类	序号	二级类目
S(science)	科学认识	S1	论文
		S2	专著
		S3	数据集、图表
		S4	科学研究报告
T(tool)	业务工具	T1	技术方法
		T2	仪器装备
		T3	业务系统
		T4	标准、规范
M(management)	管理咨询	M1	法规
		M2	政策
		M3	建议
		M4	方案
		M5	规划
		M6	调研报告
		M7	研究报告
		M8	咨询报告
		M9	评估报告

科学认识类成果二级类目的定义与范围见表 6-2。在其以下,再分为 S1.1 为 SCI,S1.2 为国内核心;S2.1 为著作,S2.2 为译著(见表6-3);T1.1 监测方法,T1.2 数学模型(表略);依此类推。

表 6-2　科学认识类成果二级类目的定义与范围

二级类目	定义与范围
S1 论文	定义:阐述科学思想、分析研究对象、记录科研过程和描述研究结果的单篇文章。 范围:期刊论文—有连续出版物刊号(ISSN);会议论文—ISI-科技会议录索引(CPCI)收录。

续表

二级类目	定义与范围
S2 专著	定义：对气象学科发展和业务运行中的科学、技术、管理等问题进行全面系统论述的著作。一般是对特定问题进行详细、系统考察或研究的结果。 范围：正式出版有书号(ISBN)的专著。
S3 数据集	定义：在科学试验过程中获取的采样数据，编制的专题数据、模型参数或图文资料等的集合，经过试验、检验和归档，作为基础性研究成果可为其他科研、业务活动使用。 范围：图集、数据集。
S4 研究报告	定义：专题研究科学技术问题，描述科学研究过程、进展和结果的文档。 范围：分析报告、评估报告、技术总结。

科学认识类成果二级类目是依据成果的表现形式划分，见表 6-3。

表 6-3　科学认识类成果分类表

科学认识 （S）	1	论文	S1.1	SCI
			S1.2	国内核心
			S1.3	国内非核心
			S1.4	内部刊物
	2	专著	S2.1	著作
			S2.2	译著
			S2.3	编著
			S2.4	软件著作权
	3	数据集	S3.1	数据集（科学试验、科学考察、野外作业等原始或加工数据）
			S3.2	图表（天气图、气候图、农业气象图、特殊观测气象图等）
	4	科学研究 报告	S4.1	分析报告
			S4.2	技术报告
			S4.3	评估报告
			S4.4	科考报告

以上表中的科技成果种类从部分气象科技项目的研究成果中提取，有可能存在遗漏或不当之处，还需不断补充、修订和完善。

第四节 类目的细化

多年来,气象部门承担了多种研究目标和计划类型不同的气象科学研究项目,据初步统计,国家和地方、纵向和横向的项目类型有数十种,因此产生了大量的不同表现形式、不同作用和用途、不同效益表现的气象科技成果。为了在气象科技成果的评价中,准确区分各种科技成果的共同点和差异点,实现同一表现形式成果之间的相互比较,实现用不同的尺子衡量不同表现形式的科技成果,在气象科技成果大类的基础上,对气象科技成果的类别和表现形式进一步细化。

类别细化的方法是交叉和混合分类。类别细化的依据是成果主要内容、项目研究的不同阶段和成果表现形式。

1)按照成果主要内容的分类

①学术资料型成果;

②基础研究型成果;

③政策建议型成果;

④技术应用型成果;

⑤应用软件型成果。

2)按照项目研究的不同阶段的分类

①基础研究成果;

②应用研究成果;

③开发研究成果。

3)按照成果表现形式的分类

①文本型,如论文、专著等;

②电子型,如应用软件、数据库、业务系统等;

③器物型,如机械设备、仪器装置、电子元器件等。

按照以上的分类依据,气象科技成果类别的一级类目按成果的功能列出:科学认识类、业务工具类、管理咨询类。

二级类目按照上面所述成果表现形式扩展为:论文、著作、研究报告、调研报告、图集图谱、数据集(库)、技术方法、模型算法、业务系统、仪器装备、专利、标准、规范、指南、评估咨询报告等。

为了明确同一表现形式成果的差异化,二级类目又可细分,如:

论文细分:

①期刊论文,依据期刊的影响力划分为 SCI、SCIE、一级核心期刊、二级核心期刊、公开出版物、内部出版物 6 个层次;

②会议论文,依据规格和会议影响力划分为国际会议和国内会议、高级别会议和一般性会议。

著作细分:

①依据出版社影响力的排序划分;

②依据著作内容划分为论著、编著、译著、汇编。

数据集(包括图集)细分:

①正式出版和非正式出版;

②多要素和单要素;

③综合性和专题性。

业务系统细分:

①依据系统的技术特征划分为自主创新、集成创新、移植本地化、原系统升级;

②依据系统的规模(源程序文件数、代码行数、千字节量(KB)、数据库表格总量)划分为超大型、大型、中型、小型;

③依据系统的内容划分为综合性和专业性;

④依据系统的支持范围划分为国家级、省(部)级、地(市)级。

应用软件细分:

①依据编程工作量(源程序文件数、代码行数、千字节量(KB)等)划分为超大型、大型、中型、小型;

②依据软件著作权,登记或未登记。

仪器装备细分:依据成果的成熟度或科研阶段划分为样机、定型、量产、列装;

研究报告(技术报告)细分:依据应用情况划分为采纳、引用、参考。

数据库细分:

①规模(表格总量、字段等);

②数据量;

③数据要素特征划分为单要素、多要素。

技术标准(操作规范、业务流程)细分:

①依据等级国际标准、国家标准、行业标准、地方标准;

②依据内容划分为综合性和单一性。

政策规划细分:

①依据层级划分国家、省(部)、地(市);

②依据内容划分综合性和专题性;

③依据被引量划分为采纳、引用、参考。

评估/咨询报告细分:

①依据报告层级划分为国家、省(部)、地(市);

②依据报告内容划分为综合性和专题性;

③依据被引情况及量划分为采纳、引用、参考。

调研报告细分：

①依据报告层级划分为国家、省（部）、地（市）；

②依据报告内容划分为综合性和专题性；

③依据被引情况及量划分为采纳、引用、参考。

第七章　气象科技成果的类型与分类评价

气象科技成果是人类科学技术活动结果中的一部分,气象科技成果的概念可以从科技成果的概念引申而来。根据科技成果的概念,气象科技成果的概念可表述为:通过气象科学技术活动所取得具有一定学术意义和实用价值的成果。

气象科学研究和技术研发的过程是生产"气象知识产品"和制造"气象业务工具"的过程,它涉及气象科学研究和气象业务活动中的探索发现、发明创造、技术进步、技术升级等方面的内容。

第一节　气象科技成果的类型

依据中国气象局气候变化科研专项《气候变化专项绩效评估指标研究》成果类型的统计结果推算,气象科技成果的表现形式至少有五六十种。

按照科技成果的载体形式,气象科技成果可分为文本型成果、数字型成果和器物型三大类型的成果。其中,

1)文本型成果包括:论文、论著、数据集、图集、研究报告、技术报告、专利、标准和规范等;

2)数字型成果包括:计算机语言与代码、应用程序、数据库、各种气象业务系统等;

3)器物型成果包括:仪器装备样机与附件、元器件等。

按照科技成果的属性,气象科技成果可分为:

1)新发现、新认识的基础研究理论成果;

2)针对气象业务关键技术问题的应用基础研究成果;

3)满足实际业务需求的应用技术研究成果。

按照科技成果的用途,气象科技成果可分为:

1)指承载探索气象理论和解析气象业务技术的理论型、知识型、经验型的"知识产品"类成果;

2)支撑气象业务运行的手段、方法"业务工具"类成果;

3)解释、指导、规范、计划气象业务活动和管理行为的"管理咨询产品"类成果。

虽然气象科学研究和技术开发所创造的"知识产品"和"业务工具"是气象科技活动的结果,但并不等于全部的"知识产品"和"业务工具"都是具有创造性的成果。它们之间关键区别是:科学发现中的"突破",技术进步中的"发明",在技术改造中的"创新"。

第二节 气象科技成果的主要表现形式

中国气象局在《气象科技成果认定》文件中所定义的科技成果是指,除已按程序经过鉴定或认定、已正式颁布的标准、已拥有著作权或专利权、已公开发表的论文等已取得认可的科技成果,以及在气象现代化建设中形成的业务技术报告、决策服务材料、发展战略、规划计划和重大软科学研究成果等,在科学研究、工程业务建设和气象服务等过程中形成的系统、平台、设备、软件、数据集、方法、指标、科普作品以及重大技术标准研究成果等。

根据对"气象部门所承担的行业(气象)科研专项"和"气候变化专项"的调查统计,执行这两项科技计划项目所产生的科技成果至少有 30 种以上的表现形式。主要表现形式如下:

1)专著。对大气科学理论、气象业务技术和气象工作管理中的某一专题进行系统研究的成果,通常为公开出版的独著、合著,编著的图书、丛书、图集、图谱、论文集、教材等。

2)论文。对大气科学理论、气象业务技术和气象工作管理中的某一问题进行专题研究的成果,通常在学术刊物上或学术会议上公开发表,或编入公开发表的学术会议论文集。

3)研究报告。对大气科学理论、气象业务技术和气象工作管理中的某一问题进行专题研究的成果,通常在学术刊物上或学术会议上公开发表,或编入公开发表的学术会议论文集,或内部出版、上报上级机构。

4)技术报告,包括评估报告、决策服务报告等。对大气科学理论、气象业务技术和气象工作管理中的某一问题进行专题研究的成果,通常在学术会议上公开发表,或编入公开发表的专题学术会议论文集,或内部出版,或保留在项目档案中,或上报上级机构。

5)咨询报告。对气象业务技术和气象工作管理中的某一问题进行专题研究所形成的对策建议、咨询意见、评估报告、决策服务材料、调查报告、咨询报告等;通常在内部刊物上发表或上报上级机构。

6)数据集。在科研项目和业务工作的执行过程中,系统收集、整理和编制的相关数据集。通常保留在项目成员或项目档案中。

7)数据库。运用信息技术制作的科研项目数据库、科研管理数据库。通常保留在项目成员或项目档案或已运行的信息系统中。

8)气象应用软件。操作系统、信息系统、演示系统、控制系统、通讯系统、模型算法等。

9)气象仪器装备。探测仪器、检测仪器、通讯设备、传输设备、电子元器件、气象专用设备等。

10)专利。发明专利、实用新型专利。

11)标准。国际标准、国家标准、行业标准、地方标准、企业标准。

12)软件著作权。已申请著作权的计算机软件。

第三节　气象科技成果的特征

通过对气象科研项目所产生的成果类型和成果表现形式进行调查和统计,归纳和总结出气象科技成果类型的特点如下:

(1)内容多元化。在气象科技成果中,有属于发现、阐述自然现象、特性或规律的基础理论研究成果,有对气象核心技术的研发具有指导意义应用基础研究成果,有解决实际业务问题的关键技术,如监测方法、预报方法、计算方法、模拟技术、资料同化、探测技术与设备等;还有部分深入研究业务发展和管理问题而形成的发展战略、政策建议、规划计划、技术方案等软科学成果。

(2)形式多样化。气象科技成果中既有论文、论著等文本型的成果,又有气象应用软件、计算机业务系统、数据库等数字型成果,还有探测设备、电子元器件、检测仪器等器具型成果。

(3)用途工具化。气象科技项目大多为应用技术型的项目,成果多为解决气象业务中关键问题的技术,以满足气象业务发展和运行的需要,具有实用性较强的特点。如科技部公益性行业(气象)科研专项的成果主要是:①解决业务关键技术的理论问题;②行业重大技术的前期预研;③实用技术的研发;④气象仪器计量、检验与检测技术。

(4)价值潜在化。气象事业是国家的公益性事业,气象科学研究成果的价值在于支持气象业务的运行,提高气象为社会和公众服务的能力,因而,大部分气象科技成果的价值只能潜埋于气象业务的运行绩效中、气象信息服务的质量中。

(5)效益隐性化。气象科技成果的应用最终可以产生社会效益、经济效益、生态效益等,但都不能直接用量化的方法表达,气象科技成果应用的直接效益只能是在气象科学研究、气象业务运行和气象服务效果方面,促进对自然大气的认识、提升气象业务能力、提高气象服务的质量,因而,气象科技成果的应用效益是间接的、隐性的表现。

第四节　指标设置原则与评价重点

1. 指标设置原则

由于气象科技成果客观上存在着不同的表现形式,类型、规模、数量、质量等方面都不具备直接可比性,如评价文本型、数字型和器物型三种类型气象科技成果的价值,若用相同的指标衡量,评价的结果就无法准确体现公平性、合理性和可靠性。

在气象科技成果分类评价中,分类评价指标的设置原则是:

1)目的性。所选用评价指标的指向必须与成果的类别对应,不选取与评价对象的类别和内容无关的指标。

2)系统性。从指标体系的角度说,选择的指标一定要包含全面覆盖评价对象特征和内容的构成要素。

3)可比性。评价指标的设置要尽可能采用可比较的评价指标。

4)层次性。在指标设置上,按照指标间的层次递进关系,准确反映指标间的支配关系和逻辑关系,实现分层次的评价。

5)可行性。评价指标的设置一定要在现行的环境下具有可操作性,如指标数据是否可以获取。

2. 分类评价的重点

气象科技成果分类评价是将气象基础理论研究、气象应用技术和气象软科学四大类别成果分别进行评价。

基础理论研究成果的特点是原始创新,评价的要点是项目研究取得的新发现、新概念、新见解。成果的表现形式主要是论文、论著、研究报告等。评价的重点是成果的科学价值。

气象应用技术成果的特点是针对某一特定目标的创新性、关键技术突破。成果表现形式为专利、应用软件、模型与算法等。评价的重点是成果成熟度、经济社会效益等。

气象软科学成果的特点是满足气象战略决策和业务运行决策的需求。成果的表现形式主要是气象领域的发展战略研究报告、政策调研与建议、决策依据与参考、计划规划背景材料等。评价的重点是成果的决策价值和参考意义等。

第八章　气象科技成果评价的
数据与评分规则

气象科技成果的数据是对科技成果的量化表达原始素材。采集和处理气象科技成果的数据是成果评价过程中重要的工作环节,数据采集的数量和质量直接影响到评价的结果。

第一节　评价数据的种类

在以往的气象科技成果评价实践中,支持评价活动的数据基本有 3 种,即原始数据、加工数据和评价数据。

原始数据是直接从相关材料中采集的数据,包括专家评议数据、问卷收集数据,科研档案数据。

加工数据是根据一定的规则和标准,对原始进行加工处理后的数据,如《气象科技项目成果应用效益评价数据集》《气候变化专项科研投入产出数据集》。

评价数据是反映评价结果的数据。

1. 专家评估数据属原始评估数据,可作为评价数据,直接用于评估活动。如,2007—2011 年公益性行业(气象)专项中期评估就是利用 6 组 51 位专家对 114 个项目的评价数据,经整理、统计分析后,取得评价结论。

专家评估数据的可靠性较高,但由于专家分组和专业领域的差异,数据会出现一定程度的误差。

利用专家评价数据进行科技成果评价时,应视具体情况,对数据进行适当的校正。

2. 问卷收集数据属定制规格数据,即为某项评估活动专门向特定人群发放调查问卷所收集的数据。如 2011 年的气象标准应用效果评估就是围绕着评价的对象、评价内容和评价目标,自行设计调查表,定向发给气象标准使用者、标准管理人员分别进行填报,汇总检验后即可成为评价数据,经数据整理和统计分析后,得出评估结论。

问卷收集数据是属评价者自行设计调查问卷的定向收集,故数据质量和精准性较高,数据格式一致,可直接用于评价。

3. 科研档案数据是从项目档案中直接采集的原始数据。如 2008 年的气象科技项目成果应用效益评价的数据。

项目档案数据是从科研项目的立项和结题材料中提取,可靠性较高,但由于各种原因,其中有些数据的误差较大,或数据填报的缺失较多,或数据达不到评价的要求,因此,在评估过程中,需进一步订正,或补充,或折算。

4. 评价数据是在原始数据的基础上,经过汇总、订正、补充、折算、检验等处理后,形成符合评价要求的标准数据。如《气候变化专项研究类项目投入产出数据集》,就是经归一化处理后,成为可以直接用于计算,反映评价结果的数据。

加工数据是较为理想的评价数据,但需要制定数据加工的规矩和标准,形成标准数据,才可用于评估作业。

第二节 获取途径和数据质量

1. 获取途径

从气象科技成果的评价实践来看,获取气象科技成果评价数据的途径大概有 3 种:

1)直接从项目材料中收集反映评估对象的原始数据。如气候变化专项绩效评估的试验就是从原始科研档案中直接采集评估所需数据,编制成"气候变化专项(2005—2013)投入产出数据集"。

2)直接利用专家的评价数据。如科技部公益性行业(气象)专项(2007—2011年)中期进展评估就是直接统计处理 6 个专家组 52 位专家的评价数据而得出评价结论。

3)设计调查问卷,有针对性的收集数据。如气象标准应用效果评估就是依据评价目标和内容自行设计调查问卷和调查表以获取评价数据,再用于评估作业。

2. 数据质量

从已有的评估作业实践来看,大多评价数据存在以下质量问题:

1)数据填报不齐全。比如,在处理气候变化专项绩效评估的资料时,需要有立项申请和结题验收两种资料,但是,在 153 个项目中,仅有 10% 的项目两种样本齐全;其次,各年份的样本差数也极大,有的年份有 30 多个样本,有的年份仅有一两个样本。

2)数据填报失真。如气候变化专项科研档案中的劳务量的填报,几乎所有样本的填报数据都不准确,个别样本中填报的劳务量数据令人难以置信。

3)数据缺格式标准。如气候变化专项科研档案中的人员职称的填报,称谓多样、规格不一、形式有别、词义含糊。

第三节　评价数据的处理方法

用于气象科技成果评价数据分为定量的数据和定性的信息。

1. 定量数据的处理

直接从项目材料中采集的原始数据一般都是定量数据。采集原始数据首先要根据评估的目的和要求,确定评价数据的数据源。如,"气象科技项目成果应用效益评估"的评估目标是"项目成果"的"应用效益",而表现"成果"和"效益"的原始数据一般应在项目结题验收材料、成果应用测试报告、用户证明等材料中展示。

依据评估的需要,设计评估作业单,将有关成果的原始数据填入作业单中,每个参评项目都有一个作业单(作业单样式见附录 4);再根据客观、准确、有效的原则,按照评价的要求进行认真核查、订正采集的数据;经过筛选、归类、分级、格式的处理,将每个项目评估作业单的数据填入评估专用的分类数据表中,形成数据集。

为了评价的需要,还要再对数据进行描述和加工,即以评价指标的内涵以及相关的参照为标准处理所采集的原始数据。如气候变化专项研究类项目的产出数据中的"论文",可参照相关的标准或相关的规定(SCI、核心期刊、公开出版、内部发行)进行再处理。对不同表现形式的成果按照一定的折算率换算成同一表现形式的成果,使之具备可比性。

处理专家评价的数据和问卷采集的数据较为简单,但需要注意数据的完整性和格式化。

2. 定性信息的处理

在气象科技成果评价中,有一部分指标是非量化的指标,如"成果水平""社会效益",评价的语言也是定性的词言,如好、较好,大、较大,明显、显著等。在气象科技评价活动中,对这些定性指标通常要进行量化处理,使得量化后的定性指标可与定量指标一起使用。

定性信息的处理方法有:

1)排序量化。依词义的表达程度,排序量化,如对定性评价成果创新性的选词:原始创新、引进提升、模仿进步、无创新,可分别对应 4,3,2,1 的数值。

2)分级加权。在处理定性信息时上,列出一定的等级,赋予相应的权重,如"应用效益"的评价,国外应用(权重系数 0.15);国内应用(权重系数 0.12);省部应用(权重系数 0.09);地市应用(权重系数 0.06);县级应用(权重系数 0.02)。

3)专家评议法。组织相关领域的专家对定性信息做出定量评价。

第四节　评分规则和评分方法

1. 评分规则

评分规则是对科技成果评价中评分行为和过程的具体规定,以实现科技评价工作的操作。

制定评分规则是处理评分数据的关键环节,其规则应体现:

1)专门性。评分规则的适用的范围仅限于特定的评估行为,即专门就某一项评估工作或活动而制定,超出这一范围或对另一项评估工作就无意义。

2)具体性。规则的内容比较具体、细致、周密,涉及评估评分的各个方面。

3)可行性。规则内各项规定和条款均可直接付诸实施,不需要再制定细则来作解释、补充。

2. 评分方法

科技成果评估中的评分一般采用经验增减法、间歇增减法、正反比例法和难易折线法等。

1)经验增减法。经验增减法是比较容易使用的一种方法。以研究目标达成率为例,如果完成目标的 95%,则得到满分。如果完成的结果比预定目标每增加 1%,增加配分的 10%;比预定目标每件减少 1%,减去配分的 20%,也就是说如果完成目标的 96%,则得到"满分+(满分×10%)=实际得分;相反,如果完成 94%,则得满分-(满分×20%)=实际得分,以此类推。这种方法的好处是简单、易操作,但是弊端也很明显,它会引导被考核者只追求一个目标的达成,而不关注其他的目标。

2)间歇增减法。间歇增减法实际上就是在一个范围内得分的细分,如,有两个项目,一个完成了目标的 96%,另一个完成了目标的 97%,得分会都在一个评分范围内。采用间歇增减法可使它们的得分加以区分。如若以研究目标达成率 95% 为满分标准,完成目标 99% 和 95% 都会取得满分,就会使得评分显得不公平。采用间歇增减法就可避免出现这种情况,使得在一个范围内(5%)的得分产生差距,即目标达成率为 97%≥95% 时,得分低于 99%≥97%,低于 100%≥99%;当实际完成>100% 时,得分高于 99%≥95%,得分高于 95%≥90% 时,评分时以间歇增减法类推。间歇增减法能在一定程度上反映目标完成的难易程度,操作起来也较为简单。

3)正反比例法。以目标达成率为例,完成考核目标 95%,配分 55 分,实际完成(%)/95%=实际得分(Y)/55 配分(X),即实际得分 $Y=55X \div 95\%$。正反比例法的操作也比较简单。

4)难易折线法。这种方法规定了最高目标、最低目标和考核目标。在最高目标处设一个限制,即业绩高于最高目标不再配分。通过设立最低目标来表明最低限度。

在最高目标和最低目标之间,通过设定公式来反映目标完成的难易程度,越难完成,给分越高。该方法通过控制最高配分,运用公式差异配分,以保证评价的公平性。以目标达成率为例,最高目标 A:$\geqslant 100\%$,得 66 分;考核目标 B:95%,得 55 分;最低目标 C:小于 90%,得 0 分。当 B 大于实际达成$\leqslant A$,实际得分=(最高分-基准分)$\times$(实际达成-B)/($A-B$)基准分;当 C 大于实际达成$\leqslant B$,实际得分=基准分$\times$(实际达成-C)/($B-C$)。

第九章　构建气象科技成果评价指标体系的方法

在气象科技成果评价活动中,构建科学、合理、适宜的指标体系是评价活动取得可信结果、可靠结论的关键环节。根据气象科技评价的实践经验归纳,在评价指标评价体系的构建过程中,必须注意三个关键环节,即指标筛选与确定、指标体系的层级结构和体系内各项指标的权重设定。

2010年科技部《科技成果评价试点暂行办法》要求:技术开发类应用技术成果、社会公益类应用技术成果、软科学研究成果三种类型成果评价采用分类加权量化评价方式,根据成果类型采取不同的评价指标和加权系数。

技术开发类成果评价指标内容主要包括:技术创新程度,技术经济指标的先进程度,技术难度和复杂程度,技术重现性和成熟程度,技术创新对推动科技进步和提高市场竞争能力的作用,取得的经济效益或社会效益。

社会公益类成果评价指标主要包括:技术创新程度,技术指标先进程度,技术难度和复杂程度,应用推广程度,推动相关领域科技进步的作用,以及创造的社会、生态、环境效益。

气象科技成果的评价基本上属社会公益类应用技术成果评价,符合《科技成果的评价试点暂行办法》所要求的采用分类加权量化评价方式。

第一节　指标体系构建的原则

构建评价指标体系的原则主要是指标体系可以准确反映评价的目标,完整表现评价对象的特征,体系的层级架构不重叠、数据容易采集、指标可量化表达、计算简便。

1. 全面完备原则

全面完备原则是指评价指标体系能够全面反映评价对象的特征及属性。体系内的指标之间既有种属关系、逻辑关系和并列联系,又相对独立;既有涵盖的广度,又有刻画的深度;既能考察成果的创造性,也能兼顾成果的科学性和可行性;指标体系的构建自上而下,从宏观到微观,层层深入,形成一个不可分裂的立体网格系统。

2. 科学合理原则

科学合理原则是指各项评价指标定义准确、指标无重复和无交叉;指标权重设置合理;指标的信度和效度的检验符合评价的要求。

3. 典型性原则

典型性原则是指评价指标应该具有典型性和代表性,但不能过多、过细、过于繁琐,但又不能过少过简,出现遗漏或不真实现象。

4. 客观公正原则

客观公正原则是指评价指标体系应反映评价对象的客观形态和表现,避免将评价主体的主观意识加入评价指标体系中。

5. 简易可行原则

简易可行原则是指评价指标体系内的各项指标简单明了、微观性强,具有可比性;尽可能选择能定量处理的指标,或将定性指标作量化处理,便于进行计算和统计分析。

第二节　指标体系构建的步骤

从实践和文献归纳出评价指标体系的构建步骤是:

1. 分析评价的对象和评价的内容;

2. 根据评价的要求,确定指标要素覆盖率、指标要素重复率和指标集难度因数的权重;统计工作量;

3. 将评价对象的综合属性分解成单独的、具体的评价要素;建立评价要素集;

4. 需要确定各要素的权重,建立要素权重集;

5. 建立指标要素集。收集与评价要素有关的指标,并构成多个指标要素集;

6. 确定指标与评价要素的关系,即确定各项指标所代表的评价要素,建立指标——要素关系矩阵;

7. 确定指标或指标难度因数,建立指标难度因数集;

8. 计算各指标集的要素覆盖率、要素重复率和平均难度因数;

9. 计算指标集的目标函数值;

10. 确定最优指标集;

11. 评价指标的效度和信度检验。

第三节　指标的筛选与确定

指标的选择与设置对构建评价指标体系的覆盖面和完整性意义重大。构建一套气象科技成果评价的指标体系需要多少指标，要根据评价目标和评价内容确定。指标太多，容易出现重复性的指标，指标太少，有可能会产生片面性。一般说来，指标体系内的指标宜少不宜多，宜简不宜繁；而且尽可能具有独立性、代表性、可测性、易操作。

评价指标的筛选与确定一般采用实证分析、词频统计分析、区分度分析、相关性分析等方法。

实证分析是在分析同类评价案例的基础上，筛选和确定与本评价对象内有逻辑关系的评价指标。

词频统计分析是指利用文献中相关名词的使用频率作为指标名词筛选的参考，从中再确定使用频率高、且可反映评价对象特征的名词作为评价指标。

区分度分析是指分析评价对象的特性，以指标名词的区分度表现指标间的差异程度。

相关性分析是指通过指标的相关性分析，确定同一指标体系中指标的重迭性，选择重迭性低的指标；指标出现冗余，评价的结果将会出现失真。

从气象科技成果评价的实践活动看，评价指标筛选一般都采用经验确定法，其中包括实证分析、词频分析和相关性分析的方法，即从专家评议、文献资料中筛选、优选评价指标；再利用"层次分析法"通过两两比较的判断方式，确定每一层次中各因素的相对重要性，从中挑选主要的指标作为评价指标，然后在递阶层次结构中进行集成。

筛选评价指标时应当注意两点，一是要注重单个指标的代表意义；二是要注重指标体系的内部结构。其中，代表性和全面性是指标选择的难题。因为既要单个指标有代表性，能独立反映研究对象某方面的特性，又要在指标体系中能综合反映评价对象整体的全面性。但若要满足全面性，势必要增加指标个数，但增加了指标个数，指标间的相关程度可能性增大，反而影响了代表性。

兼顾评价指标的代表性和全面性，首先要注意到指标体现代表性和全面性的先后次序，即先满足全面性，再满足代表性。首先选取综合反映评价对象整体属性的指标，再选择代表性最强的指标反映整体属性下的子类属性，然后集合每个子类中代表性最强的指标就构成了完整的综合评价指标体系。

第四节　指标的检验

评价指标选定之后,一般要对所选的指标和指标体系进行重要性、必要性和完整性的检验,目的是验正评价的指标是否全面、无重复、无遗漏、指标获取的难易等。检验指标体系的完整性和指标的重叠程度一般都以评价要素覆盖率衡量;检验指标获取的难易程度以指标获取的难度因数来度量[4]。

1. 重要性检验

重要性检验是指保留哪些重要的指标,剔出对评价结果无关紧要的指标。一般利用 Delphi 法对指标体系进行匿名评议,如假设指标体系某层次有 M 个指标,请 P 位专家评议。再对专家评议结果做集中度、离散度和协调程度三方面的统计分析:

①集中度 $\widetilde{E}_i$

$$\widetilde{E}_i = \frac{1}{P} \sum_{j=1}^{5} E_i n_{ij}$$

$\widetilde{E}_i$ 表示 P 位专家对第 i 个指标的意见集中程度,其大小反映了指标重要程度,反映了 P 位专家的评价期望值;E_i 表示指标 i 第 j 级重要程度的评分(一般将重要度分为 5 级,$j=5,4,3,2,1$,分别代表指标重要性程度:极重要、很重要、重要、一般、不重要);n_{ij} 表示把第 i 个指标评为第 j 级重要程度的专家的人数。

②离散度 δ

$$\delta_i = \sqrt{\frac{1}{P-1} \sum_{j=1}^{5} n_{ij} (E_i - \widetilde{E}_i)^2}$$

δ_i 表示专家对第 i 个指标重要程度评价的分散程度,是衡量重要性分散程度的一个尺度。若专家对重要性程度评价比较集中,则 δ_i 较小;若评价比较分散,则 δ_i 较大。

③协调程度 V

$$V_i = \delta_i / \widetilde{E}_i$$

从上两式可知,δ_i 越小,说明专家意见越集中,$\widetilde{E}_i$ 越大,说明专家认为该指标越重要,但这两个指标都是绝对性指标,且两者表示的结果可能并不完全一致,在这种情况下,就可以用 V_i 判别。$\widetilde{E}_i$ 越大,δ_i 越小,则 V_i 越小,该指标也越重要。

2. 必要性检验

必要性检验是指构成统计指标体系的所有指标从全局考虑是否都是必不可少的,有无冗余现象。

一般可用相关系数来检验。评价指标之间都常存在着一定的相关关系,使观测数据所反映的信息有所重叠。

3. 完整性检验

完整性检验是指通过定性分析判断评价指标是否已全面地体现了评价目的和任务，即对评价指标体系的度量结果进行实证分析，以检验评价指标体系的全面性、合理性、可行性、可靠性。如在气候变化专项研究类项目绩效评价中，用同一套评估指标体系和相同算法，计算两个不同项目的评估数据，再对计算的结果进行定性分析，即可检验出指标体系是否完整和指标设置是否遗漏。

第五节　指标体系的构建

评价指标体系是体现评价对象特征和内容的评价要素的集合体，是衡量评价对象的量标系统。

评价指标体系由评价指标、指标权重和指标值 3 部分组成。

评价指标体系依照评价对象发生、发展和结果的逻辑关系和内部结构的种属关系组合排列；指标体系内的各个指标既有独立性，又有相关性。

在科技成果评价体系的构建方法中，既有经验方法，也有数学方法，在多数的情况下，经验方法和数学方法混合交叉使用。多数都采用分解评价目标的方法，即将评价总目标分解为次级目标（或称一级指标），再将次级目标（或称一级指标）分解成二级目标。

从近几年气象科技评价实践过程来看，气象科技（成果）评价指标构建的设计和构建多采用分级分解评价目标的方法，即根据评价的目标，在候选指标群中，选出代表性最强的 3～5 个一级指标，从几个维度上综合反映评价对象的整体属性，再依此选出二、三级指标，形成多层的评价指标体系。比如，在设计"气候变化专项科研绩效评价指标"时，先将评价对象的整体特征做分析，并按照评价的目标将评价对象分成有效性、经济性和效益性 3 个一级指标，其中的经济性指标在候选指标群中选择了项目投入、项目产出 2 个二级指标；之后，又在项目投入指标中选出包括经费投入、智力投入、资源投入、设备投入等三级指标，达到可以计量的状态，以此形成多层系列的气候变化专项科研绩效评价指标体系。

指标体系的构建要由高到低逐层进行，越是下一级指标越具体、越明确、概括的范围越小，直至分解到指标形成末级指标为止，可以直接测量和操作（见图 9-1）。

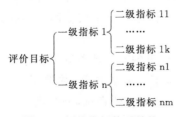

图 9-1　评价指标体系结构

此外,还可凭借评价专家的理论知识和实践经验,通过理论推演的方法和典型案例研究的方法建立评价指标体系。

理论推演法是根据有关学科理论推演构建评价指标体系的方法。

典型案例法是根据典型案例中投入、活动、产出、结果、影响的事实逻辑关系,建立评价指标体系。

另据文献报道,构建科技成果评价指标体系还可采用优选目标函数、要素覆盖率,要素重复率和平均难度因数等数学方法。

第六节　指标权重的构造

指标权重的构造是气象科技成果评价中重要的技术环节之一。指标权重是一个相对的概念,即针对某一指标而言,在整体评价中与其他指标相比相对重要的程度,体现各项指标在综合值中的贡献大小。

指标权重体现了评价者的意图导向和价值理念,是指标重要程度的主观反应。权重值分配的高低反映了评价者的期望重点,且直接影响到评价的结果。在某种意义上,指标权重比统计数据对评价结果的影响更大,统计数据有误或不准确,只会影响到某项指标的某个参数,而权重不合理,则对指标的评价结果起"倍增"性影响。此外,各项指标的权重相互关联、相互制约,某项指标的权重增大,其他的指标权重就会减少,指标权重的调整会影响到整个指标体系所有指标的测量结果。

导致指标间权重的差异一般有 3 个原因,一是评价者对各指标的看法不一样,产生评价者的主观差异;二是各指标在评价中所起的作用不同,反映了指标间的客观差异;三是各指标的可靠性程度不同,反映了各指标所提供信息的可靠性有别。

常用的构造指标权重方法有权值因子判断表法、德尔菲法、专家评议法、层次分析法、因子分析法、聚类分析法等。在气象科技成果评价中多采用权值因子判断表法、德尔菲法和层次分析法构造评价指标的权重。

权值因子判断表法是由学者、专家、科技管理人员等填写评价权值因子判断表,将填写完毕的评价权值因子判断表中行因子与列因子进行比较。如果采用四分值时,非常重要的指标为 4 分,比较重要的指标为 3 分,同样重要为 2 分,不太重要的为 1 分,很不重要的为 0 分;对各位专家所填权值因子结果进行统计后,将结果折算为权重。

德尔菲法是分别将指标权重的参考值单独发送给各个专家,征询各位专家给出的指标权重值,回收后统计全部专家的意见,并整理出建议权重值,再次征询意见。各专家依据建议权重,修改自己原有的意见,经多次反复,逐步取得比较一致的指标权重。

　　层次分析法(AHP)是一种多目标决策的方法,特点是在对复杂的决策问题的本质、影响因素及其内在关系等进行深入分析的基础上,利用较少的定量信息使决策的思维过程数学化,从而为多目标、多准则或无结构特性的复杂决策问题提供简便的决策方法,尤其适合于对决策结果难以直接准确计量的情形。

　　层次分析法是将决策目标的核心分解成为各构成因素,然后将这些因素按支配关系分组,形成递阶层次结构。再通过两两比较判断的方式,确定每一层次中各因素的相对重要性,再在递阶层次结构中进行合成。

　　在递阶层次结构中,设上一层元素 C 为准则,所支配的下一层元素为 $u_1, u_2, \cdots, u_n$。对于准则 C 的相对重要性即权重,通常可分两种情况:①如果 $u_1, u_2, \cdots, u_n$ 对 C 的重要性可定量,其权重可直接确定;②如果问题复杂,$u_1, u_2, \cdots, u_n$ 对于 C 的重要性无法直接定量,而只能定性,那么确定权重用两两比较方法。方法是按 1～9 比例标度对重要性程度赋值。表 9-1 为 1～9 标度的含义。

表 9-1　比例标度值体系表(重要性分数)

取值含义	1～9 标度	5/5～9/1 标度	9/9～9/1 标度
同等重要	1	1 (5/5=)	1 (9/9=)
较为重要	3	1.5 (6/4=)	1.286 (9/7=)
更为重要	5	2.33 (7/3=)	1.8 (9/5=)
强烈重要	7	4 (8/2=)	3 (9/3=)
极端重要	9	9 (9/1=)	9 (9/1=)
介于上述相邻两级之间重要程度的比较	2,4,6,8	1.222 (5.5/4.5=) 1.875 (6.5/3.5=) 3 (7.5/2.5=) 5.67 (8.5/1.5=)	1.125 (9/8=) 1.5 (9/6=) 2.25 (9/4=) 4.5 (9/2=)
比较	上述各数的倒数	上述各数的倒数	上述各数的倒数

　　权重的计算方法一般采用:①和法;②根法(即几何平均法);③特征根法(简记 EM);④对数最小二乘法;⑤最小二乘法。

　　气象科技成果评价指标的权数构造大多采用层次分析法,如"气象科技项目成果业务化指标体系""气象科技项目立项风险评估指标体系"的权重设置。

第十章 气象科技成果评价活动的技术要求

气象科技成果评价的技术要求是技术规范的一种表述,内容包括气象科技评价活动的基本内容,技术行为的步骤、流程、方法,以及对评价机构和评价人员的要求。

气象科技成果评价是依据数据与事实对气象科技成果的水平、性能、状态、效果、作用和影响的评价与分析的行为,属共同和可重复使用的一种技术行为,因此必须建立可使从事科技成果评价的机构和人员共同遵守的技术规范,以避免出现不同评价机构评价同一对象出现多种不同评价结果的现象。

从目前气象科技成果评价的技术需求来看,气象科技成果评价技术规范的主要内容应包括:对评价素材的要求、对评价数据的要求、对评价对象的要求、对评价流程的要求、对评价指标体系和评价方法的要求、对评价机构的要求、对评价人员的要求。

第一节 对评价素材和评价数据的要求

1. 对评价素材的要求

气象科技成果评价的素材是实施气象科技成果评价的基础和依据。气象科技成果评价的素材为记录和描述气象科技成果的原始材料,包括文字类型、实物型和数字类型的各种原始材料。

气象科技成果评价的素材包括:

1)科研项目申报书;

2)科研项目审批书;

3)科研项目任务书;

4)项目中期评估材料;

5)代表性论文及发表的期刊影响因子、专利证书;

6)成果查新报告;

7)项目研究(或技术)报告;

8)成果鉴定(或相关部门的成果认定)报告、检测报告、试验评价报告;

9)成果推广应用的评价报告和成果应用单位的应用证明;

10)成果评价的其他参考材料和背景材料;其中有:项目研究(或技术)报告、成果查新报告、成果鉴定(或相关部门的成果认定)报告、代表性论文及发表的期刊影响因子、专利证书、试验评价报告、应用领域及预期推广应用价值的评价报告和成果应用单位的成果应用证明为成果评价的核心材料。

2. 对评价数据的要求

气象科技成果评价的主要目标是评价成果的水平、价值、影响、作用、效果、效益、效应等,因而需要掌握与以上内容有关、可反映这些内容的数据和事实,这些数据一般包括:

1)成果获奖种类、等级和次数的信息,包括各级科学技术奖励(最高科学技术奖、自然科学奖、技术发明奖等)的证书。

2)成果载体形式、等级和数量的信息,包括论文、著作、专利、应用软件、仪器装备、元器件等。

3)成果水平(价值)的量化和非量化的数据,包括专家鉴定或评价报告、机构鉴定或评价报告、查新报告等材料中关于成果水平和价值的评价。

4)成果成熟度的量化和非量化的数据和信息,包括专家鉴定或评价报告、机构鉴定或评价报告或相关文件中对成果成熟度的评价,如实验室、中试(业务试验)、准业务运行、可业务化等阶段的成果信息。

5)成果转化应用信息,其中有:

①有关成果推广数据:推广单位、成果登记号、成果认证机构、成果批准机构(批文号)、成果简介、成果权属性质(职务、非职务)、成果推广经费、成果适用领域、成果推广的时间、成果推广的效果(效益、效应)数据等;

②有关成果应用领域的数据:气象仪器与观测、气象信息处理、天气监测与预报、气候与气候变化、卫星气象与遥感等各应用的领域;

③有关成果应用状况的数据,包括:已用、未用;原因:无应用单位、缺乏资金、技术不配套、研究试验类成果(成熟度不够)、未经业务试验等;

④有关成果应用范围的数据:包括国家级气象单位、省级气象部门、地(市)县气象单位;

⑤有关成果技术效益的数据:包括工作效率、时效与服务范围、产品数量和质量等;

⑥有关成果应用的社会效益和经济效益数据,包括:程度、作用、影响力、减灾效果、减少损失的程度等。

以上各种数据及相关信息采集的主要方法有:设计调查问卷进行抽样调查、从《气象年鉴》《气象统计年鉴》中收集相关的统计数据,从会议文件、工作总结、领导讲话中收集相关的评价信息。

在评价数据与信息的收集过程中,还要关注数据信息的质量。一般情况下,应对所收集的各类数据和信息进行充分性、可靠性和准确性的检验。

充分性检验的内容有：检验已采集到的数据是否符合评估设计方案的要求，是否可反映评估对象的主要属性，是否能为评估指标提供必要的信息支持。

可靠性检验的内容有：检验数据采集的过程是否满足可重复性要求，采集的资料和信息的质量是否符合评价的要求。

准确性检验的内容有：数据信息的误差范围是否符合评估设计方案的要求，以及数据统计的合理性。

第二节　对评价对象和评价流程的要求

1. 对评价对象的要求

在气象科技成果评价实际操作过程中，评价对象的类别、属性、表现形式、规模体量、作用效果等方面差别较大，若要取得准确的评价结论，必须明确评价对象的类别属性，即评价的对象属于哪一大类的成果，以及大类中的小类。

对评价对象进行分析和规范化处理后，设置评价指标时，就可以有针对性地筛选指标要素，选择评价指标，实现同类相比的可能。

2. 对评价流程的要求

任何一项技术活动的开展都必须遵循一定的流程，气象科技评价活动作为一项技术性的工作，也必然有符合自身运行规律的流程安排。所谓气象科技成果的评价流程是指在成果评价实际作业的过程中，必须遵守流程和次序。

对同一个评价目标来说，众多的评价执行者遵循的不同的评价流程和不同的操作秩序，就会导致产生不同的评价结论。为避免因出现评价结论的误差和差异就必须对气象科技成果评价的流程进行统一的规范。根据气象科技成果评价的实践，并参考相关文献，列出气象科技成果评价的流程，见表10-1。

表 10-1　气象科技成果评价的流程

	步骤	注意事项
阶段 I　评价准备	确定评价活动的目标、范围和重点	
	收集有关的资料和信息，形成对评估对象的初步印象	
	评价者与委托者达成共识	
	签定评价合同/协议	

阶段Ⅱ　评价设计	确定评价活动的类型	
	形成评价问题	
	设计评价框架	
	设计信息采集及检验的方案	
	选择评价的方法和工具	
	设计评价结果的表达方式	
	确定评价项目主持人及评价组的构成	
	制订评价活动的时间表	
	完成评价设计方案文本	
	确定评价设计方案	
阶段Ⅲ　信息获取	设置数据信息收集、整理的最后期限	
	评价数据信息的采集	
	数据信息的整理和检验	
	进行必要的补充调查	
阶段Ⅳ　评价分析与综合	按评价问题组合信息,形成评价问题单元	
	问题判断	
	综合分析评价	
	形成评价初步结论	
	形成正式评价结论	
阶段Ⅴ　撰写并提交评价报告	撰写评价报告初稿	
	讨论并修改评价报告初稿	
	评价机构确认提交的正式评价报告版本	
	提交正式评价报告	
	回答有关评价报告的提问	
	整理和保存评价档案	

第三节　对评价指标体系和评价方法的要求

1. 对评价指标体系的要求

评价指标体系是由诸多相互关联、逻辑关系合理的评价指标所构成的整体,其结构的特点是以指标构成评价的内容,分层体现评价的总目标,直致使评价的内容具体化、可测化、行为化。评价指标体系的设计依赖于对评价对象原始信息的分析,再经指标筛选和凝练、经反复检验和测试而形成,最后达到全方位、多角度、准确而简洁地体现评估的目标与内容。具体的要求如下:

1)指标体系既要体现评价的重点,又不能遗漏与评价重点相关联的其他内容,同时也要适当舍弃对一些对评价结论影响不大的指标,使指标体系的系统表述与评价对象的整体形态保持对应的关系。

2)在保证满足评价目标和评价质量的前提下,尽可能简化指标,体现出系统性与简洁性的平衡。

3)指标体系是由一组相互有密切联系的个体指标构成,但绝不是多个指标的堆砌。指标要相对独立,不出现过多的信息包容、涵盖,导致指标内涵重叠。但在实际评价活动中,为加强对某方面的重点调查和评价,有时需要从不同角度设置一些相似的指标,以便相互弥补和相互验证。

4)在数据采集条件具备和操作可行的基础上,多采用定量指标。

2. 对评价方法的要求

从目前的文献描述和案例报道来看,科技成果评价方法主要有:案例研究方法,其中包括典型案例研究、原型案例研究;比较研究方法,其中包括前后对比比较、对照组比较;多指标综合评价方法,其中包括综合评分法、视图法、约束法,优序法、两两比较法;指数法及经济分析法,其中包括指数法、费用—效益分析、投入产出分析;运筹学方法,其中包括数学规划、数据包络分析、数理统计法、多元统计分析、回归分析;模糊评价方法,其中包括模糊综合评判、模糊聚类、模糊 AHP、模糊距离模型;基于计算机技术的评价方法,其中包括人工神经网络、专家系统、计算机仿真、决策支持系统等。

在气象科技成果评价活动中,根据不同的评价要求,选择适当的评价方法时,要注意以下几点:

1)评价目的与评价方法之间的匹配关系。评价作业时要注意选择适合于评价目标的、相对准确合理和效率较高的评价方法。

2)评价方法的合理替代。由于客观因素的制约,以及各种评价方法对于实现评价目标具有相对的合理性,有经验的评价者要充分考虑评价方法的内在约束,掌握评估方法的合理替代原则。

3)遵循"内在约束优先"的原则。"内在约束优先"是指:选择评价方法时,首先考虑评价活动自身的因素及其对评价方法的影响,这些影响会形成评价方法的内在约束。目标约束是评价方法选择的最重要的内在约束,如果评价活动的目的是筛选业务急需的科技成果,通常可采用多指标综合评价方法,取得的评价结果是一个分类排序的结果;如果评价活动的目的是回答防雷气象标准应用效果的提问,可采用问题诊断式评价方法,取得的结果就是对应用效果的解释。

4)尽量采用定性和定量方法相结合的评价方法。

第四节　对评价机构和评价人员的要求

1. 对评价机构的要求

目前,气象科技成果的评价主体基本上是由立项单位组织项目成果的评价,缺少第三方的评价机构。科技部《科技评估管理暂行办法》规定,评估机构可以是具有法人资格的企事业单位,或某一内设专门从事科技评估业务的组织。

评价机构的资格:

1)有专业化的评价队伍。有 10 人以上的专职人员,评价队伍的人员结构应当包括气象科研人员、业务人员、管理人员、评价人员等,且评价的人员在专业分布上应当与评价业务范围相对应。

2)具有的一定规模评价咨询专家支持系统。评价咨询专家的来源包括科研单位、业务单位、大学和科技管理部门的管理专家。

3)具备独立处理和分析各种评价信息的能力。

2. 对评价人员的要求

实施气象科技评价活动的人员一般由评价人员和学科或技术专家组成。

评价人员的资格条件包括:业务能力和职业道德。

业务能力要求:

1)熟悉科技评价的基本业务,掌握科技评价的基本方法和技巧;

2)具有一定的气象专业,及技术经济、科技管理等相关知识;

3)了解气象科技发展战略与态势,以及相关的政策和管理办法;有较丰富的科技工作实践经验和较强的分析与综合判断能力。

职业道德要求:

1)严格遵守国家有关法律法规,执行国家的有关政策,坚持独立、客观、公正和科学的原则;

2)奉行求实、诚信、中立的立场,不受其他任何单位和个人的干预和影响;

3)不以主观好恶或个人偏见行事,不能因成见或偏见影响评价的客观性;

4)廉洁自律,不利用业务之便谋取个人私利。

学科或技术专家作为评价专家的条件:

1)在某一技术领域有一定的知名度;对评价成果所属专业领域有较丰富的理论知识和实践经验,熟悉国内外该领域技术发展的状况;

2)坚持实事求是、科学严谨的态度;

　　3)具有良好的职业道德,包括:维护评价成果所有者的知识产权,保守被评价成果的技术秘密;不接受邀请参加与评价成果有利益关系或可能影响公正性的评价活动;提供的评价意见可清晰、准确地反映评价成果的实际情况,并对所出具的评价意见负责等。

　　此外,评价专家在气象科技成果评价中还应享有下列权利:

　　1)对成果独立做出评价,不受任何单位和个人的干涉;

　　2)要求科技成果完成者提供充分、详实的技术资料(包括必要的原始资料),向科技成果完成单位或者个人提出质疑并要求做出解释,要求进行复核试验或者重复测试结果;

　　3)充分发表个人意见,有权要求在评价结论中记载不同意见;

　　4)有权要求排除影响成果评价工作的干扰,必要时可向评价机构提出退出评价请求。

第十一章　影响气象科技成果评价的因素及应对策略

近年来,气象科技成果评价工作在认识与实践上都取得一些进展,同时也遇到一些问题,为今后顺利开展气象科技成果的评价工作,本章初步分析了影响气象科技成果评价的因素,探讨了气象科技成果评价活动的技术问题,并提出完善气象科技成果评价的技术策略。

第一节　影响气象科技成果评价的因素

1. 对气象科技成果评价认识尚未到位

自 20 世纪 90 年代初,科技部在国家科技计划组织管理中率先引入科技评价机制,即以科技评价的方式对国家科技攻关计划、863 计划等国家重大科技计划的执行、成果和绩效进行评价。国内各部门、各行业的科技管理机构和科技管理人员纷纷研究、探讨科技成果评价的指标、方式和方法,并开展了一系列的评价实践。

从《科技管理研究》《科技进步与对策》等国内几家科技管理核心期刊科技成果评价的文献数量看,每年至少有 100 篇左右相关文献发表,研究和探讨的内容涉及科研绩效评价、成果价值评价、成果转化评价、成果应用效果评价等。

在气象部门,专门的气象科技成果评价活动尚未走上规制化的轨道,其中的原因之一是气象科技管理部门和科技人员对科技成果评价工作的认识不足。一方面,由于科技管理部门对科技成果评价的认识与宣传不到位;另一方面,现有的气象科技成果评价思路、评价指标和评价方法还不足以取得令人满意的评价结论。

为此,气象科技管理部门既要加强宣传气象科技成果评价作用,还要适当创造更多的气象科技评价研究和实践的机会,在实际评价工作中提高气象科技成果评价的技术水平。

2. 气象科技成果评价的相关政策尚未落地

从已有的材料中可见,中国气象局科技司于 2005 年开始谋划气象科技评价的事宜。2005 年 4 月 30 日,以司发文的方式征求各省气象局和 8 个专业所对开展气象科研机构评价的意见和建议。2007 年该司出台《国家气象科技创新体系建设意见》

（气发〔2007〕385 号）文件，提出将成果的研发和转化应用结合起来，形成分类评价体系。2009 年出台的《气象科技创新体系建设实施方案（2009—2012 年）》提出"要在科研成果质量、人才队伍建设、管理运行机制等方面进行综合评价"。2013，中国气象局下发《关于加强气象科研机构评价工作的指导意见》文件，提出"突出气象科技研发能力评价、强化气象科技成果转化应用的评价、加强科技资源使用效益的评价、完善科技人才队伍建设的评价。"2015 年，中国气象局出台了《中国气象局科学技术成果认定办法（试行）》，规范了气象科技成果的范围，并详细地规定了中国气象局科技成果认定基本条件、认定程序、成果认定的主体等。2018 年，为推动气象科技成果转化应用，中国气象局办公室下发《中国气象局科技成果业务准入办法（试行）》文件。2018 年，制定气象行业标准《气象科技成果认定规程》。

通过文件的梳理，反映出中国气象局在政策层面上一直都在强调加强气象科技成果评价工作，并在各种科技计划的管理办法中提出开展科技成果评价的要求，如，《中国气象局气候变化专项项目管理办法》《公益性行业（气象）科研专项管理办法》等文件，但在实际的管理过程中尚未达到文件提出的成果评价要求，表现为政策有要求，但执行未"落地"的情况。

3. 承担气象科技成果评价的主体（或评价团队）缺失

科技部 2000 年 12 月出台的《科技评估管理暂行办法》规定：从事科技评估业务的评估机构必须持有科技部颁发的科技评估资格证书。评估机构可以是具有法人资格的企事业单位，也可以是某一单位内设专门从事科技评估业务的组织。科技评估的各级主管部门不能直接从事科技评估业务，也不能以任何方式干预评估机构独立开展评估业务活动。

2016 年，科技部出台的《科技评估工作规定（试行）》明确规定评估委托者、评估实施者、评估对象是科技评估的三个主体。

"评估委托者"一般是科技活动的管理、监督部门或机构，包括政府部门、项目管理专业机构等。评估委托者根据科技规划、科技政策、科技计划的管理职责分工，提出评估需求、委托评估任务、提供评估经费与条件保障。

"评估实施者"是评估的机构和专家评估组。评估实施者根据委托任务，负责制定评估工作方案，独立开展评估活动，按要求向评估委托者提交评估结果并对评估结果负责。

"评估对象"主要包括各类科技活动及其相关责任主体。评估对象应当接受评估实施者的评估，配合开展评估工作并按照评估要求提供相关资料和信息。

由此可见，科技评价工作是一项技术工作。评价的主体要有一定的从业资质；评价主体和从业人员必须具有独立性，不能与科技项目和科技成果的支持、研发、应用等相关利益主体有利益关系，以保证科技评价的客观、公平、公正。

在目前的气象科技评价工作体系中，评价实施主体缺位。科技项目的前期立项、中期实施、后期效果评价一般都是由科技管理部门委托某单位或自行组织专家进行，不属于第三方评价主体或相对独立、具有科技评价工作经历的机构运作。

4. 气象科技成果评价的方法和工具有待改进

通过气象科技成果评价的实践证明，开展科技评价的工作必须要掌握实现评价目标和要求的方法和工具。所谓的方法和工具是指完成评价项目的方法、手段和技巧。

科技评价工具可分为通用工具和自制工具。

通用工具包括常用的各种评价方法和评价模型，如专家咨询法、层次分析法、多指标综合评价方法、数理统计法、多元统计分析法；模糊综合评判模型、模糊聚类模型、模糊距离模型等。

自制工具为适应某评价项目的特殊要求自行编制的数据获取工具和计算工具，如调查表、调查问卷、数据集、数据处理方法、计算方法和计算模型。

从以往的评价作业实践来看，大多评价人员对科技成果评价的常用方法掌握的不全面、不熟练；自制科技评价工具的技巧、方法和程序也不专业、不规范。

第二节 气象科技成果评价活动的技术问题

从技术层面或技术角度上看，近年来气象科技成果评价实践的主要问题可大致归纳为：

1. 评价的客观依据不足

气象科技成果评价的主要依据是气象科技项目档案中的相关材料，包括：科研项目申报书、科研项目审批书、科研项目任务书、项目中期评估材料、代表性论文、专利证书、成果查新报告、项目研究（或技术）报告、成果鉴定（或相关部门的成果认定）报告和检测报告、成果应用领域及推广应用评价报告、成果应用单位的成果应用证明等。

在实际工作中难以得到完整的评价素材，由此而导致成果评价的依据不足。例如"气候变化专项绩效评价评估试验"，计划收集的评价素材是2004—2013年立项的300多个项目资料，但是实际上仅有153个项目的档案资料，而且153个项目资料中没有一个项目的资料齐全完整，致使处理评价数据时，只能靠其他的材料补充，这样，评价结果的可信度就会受到一定程度的影响。

2. 评价数据记录不规范、信息缺失多、语义不标准

科研项目的立项申报材料和结题验收汇编材料是科技成果评价的重要素材，但是在这两种材料的各种报表中，数据填报完全规范、准确的样本很少。有关项目人员的人数、职称、劳务量、成果载体、数量、论文状态（是否发表、期刊类型）等数据，填报

不规范、漏报、错报现象十分普遍；又如，在采集"气象科技项目成果应用效益评估"的评估信息时，除了样本内含的评价原始材料不全和数据填报不规范之外，还缺少成果应用情况的重要信息，如，项目成果的应用、应用过程中的改进与提高、应用效益等。此外，评价样本中有关鉴定或验收意见的文字表达缺少统一的评价语言，国内一流、国际领先、国内先进、业务化、准业务化、业务运行试验、中间试验、业务借鉴、业务参考、效益显著等词汇的随意使用、既无标准、也不统一。

3. 评价指标体系设计的不严谨

评价指标体系是指由表征评价对象特性和内容各方面的多层次指标所构成的有机整体，构建合理的指标体系是实现科学评价的前提。但是，目前气象科技成果评价所设计的评价指标体系中存在许多的问题和不足。主要表现是：

1）由于接受评价项目时，对评价目标和评价内容的分析不充分，对评价对象特征的把握不准确，致使评价指标体系不能全面、完整地体现出评价对象的特征和评价的内容；

2）对评价对象中事实存在的逻辑关系缺乏了解，致使指标体系中的指标关联度不密切；或仅体现指标的代表性，缺少指标的相关性；

3）指标的设置有重叠或交叉现象；且各指标间的区分度不清晰；

4）筛选的指标对评价对象的刻画不深刻、不精炼；

5）在已有的评价指标体系中，量化的指标比例不高。

4. 设置指标权重的操作简单，权重值欠合理

目前气象科技评价指标的权重赋值主要采用专家咨询法和层次分析法，但由于这两种方法的局限性和评价人员操作的不规范，使得各评价指标达不到较为合理的权重值，不能准确反映评价指标相对重要的部分，导致评价结果并不十分令人满意。主要表现是：

1）在设置指标权重时，一些的指标权重仅仅凭评价人员的经验赋值，致使出现主观随意性的倾向。

2）在设置指标权重时，仅考虑到各指标在理论上的相对重要程度，对指标在评价对象内的独立性、相关性、区分度的考虑不周。

3）在设置指标权重时，一般都是请一些专家参加几轮评议打分，然后再经计算取平均值，取值的过程过于简单。

由于以上原因，再加上指标权重的操作行为的不规范，导致评价指标权重值出现不合理的表现。

5. 评分方法与计算较为简单

由于多指标综合评价方法常用于由对同一组对象进行评价，其评分规则与计算都较为简单，它可使评价结果简单明了，因此，在气象科技成果的评价活动中，大多采用多指标综合评分的方法，即，各层指标得分乘以指标权重后相加成总分，再以总分

进行排序,用总分表示最终的评价结果。

但是,多指标综合评分方法仅以最后的总分反映对成果的评价,而对具体评价对象的反映不足,因此一些可能很有价值信息被"淹没"在总分里,譬如,有关评价对象的某些极端情况等。此外,总分的准确度还不能完全满足某些要求较高的评价活动。

第三节　完善气象科技成果评价的技术策略

气象科技成果评价的研究与实践证实,评价数据的处理、评价指标体系的架构、指标权重的设计,以及评价作业的规范化操作是开展评价活动的关键环节。本节将围绕这四个关键的技术问题,讨论完善气象科技成果评价技术方法的策略。

1. 规范科研项目档案中的数据填报和文字表述

由于评价数据的获取主要源于项目档案中的各种填报数据和文字信息,为保证评价数据的一致性,最好的办法之一是在项目立项申报和项目验收的环节中,建立数据填报和文字表述的规范,即,按照规定的要求和格式,填写各种报表的数据和进行文字的表述,并在项目验收意见书中设置统一评价的尺度,从评价活动的源头上实现数据填报和文字表述的规范化。

为此,《气象科技管理信息系统》项目研究人员编制了《项目结题验收意见书填写规范》模板(见附录5),目的是由计算机进行评估作业时,以规范化语言和格式处理结题验收时的评语和尺度。

验收意见书的主要内容包括:

1)背景介绍。包括:a 验收人员、b 时间、c 地点、d 项目名称、e 验收过程等基本情况。

2)研究内容和项目评价。其中,定性评价的选择:a 研究目标的实现程度、b 研究内容的创新程度、c 主要技术指标实现程度、d 技术方法先进程度、e 团队实力表现程度、f 团队绩效体现、g 项目成果的应用状态、h 项目成果的应用效果、i 成果应用前景的预测。

3)项目成果表现形式的描述、成果作用和应用效果的评价。包括:对知识类成果的表现形式(a 论文、b 论著、c 技术报告、d 会议论文、e 数学公式、f 概念模型等)的水平评价和作用评价。对工具类成果的表现形式(a 业务平台、b 业务模型、c 业务判据、d 技术方法、e 计算方法、f 应用软件、h 业务系统、i 仪器设备、l 元器件、m 数据集、n 技术标准、o 专利等)的水平评价和作用评价。

4)成果应用状态描述及评价。包括对成果应用状态(A 业务化、B 准业务化、C 业务试用、D 业务实验)的评价和成果应用效果(A 重大、B 较大、C 一般、D 无)的评价和对业务进步的贡献(A 突出、B 显著、C 一般、D 无)。

5）验收结论

XXXXXX。

按照以上统一的格式，填写"项目验收专家组意见与评价"，气象科技成果的评价数据将会实现统一化和标准化。

2. 完善评价数据的处理方法

评价数据是科技成果评价的基础。在实际工作中，数据的格式、单位、载体形式、统计口径等方面常有不一致和不可公度①的现象，导致评价的对象难以相互比较和综合评价。例如，在气候变化专项的成果数据中，成果载体的类型就有几十种，不同载体成果的重要程度无法对比；载体相同的成果其价值又难以确定等问题。这些数据若不进行标准化的处理，就无法进行比较。此外，原始数据的统计口径不一致也导致了评价数据的差错较大，如，在气候变化专项研究工时统计，有以月计算，有以年计算，有以自然月计算，有以标准工时计算，可谓五花八门。

另外，评价数据的无量纲化处理是综合评价的关键环节，目的是实现不同评价数据的可公度。

3. 构建合理的评价指标体系

构建适宜、合理的评价指标体系是开展气象科技成果评价活动的关键环节，在"全面而不重叠、指标易于获取、科学合理适用"的原则指导下，应注意：

1）指标体系的针对性、系统性和覆盖范围。评价指标体系的设计应紧紧围绕评价的目标，既要突出评价的重点，与评价重点相关联的内容不能有遗漏；又要全面地反映评价对象的其他特征，适当舍弃对评价结论影响不大又难以测度的指标；指标体系的层次清晰，种属关系明确。

2）构建定量与定性指标相结合的评价指标体系。在数据采集条件允许的情况下，尽可能多设置定量的评价指标。

3）直接指标和间接指标搭配使用。指标的数据不能直接进行比较或衡量时，可使用某些间接的指标表示评价的对象。

4）评价指标不应出现过多的信息包容、涵盖，而使指标内涵重叠。为了强调某方面的评价，有时需要从不同角度设置一些相似的指标，以便相互弥补和相互验证。这些指标之间的相关性可通过适当地降低每个指标的权重等方法来处理。

5）在满足评价目标和评价质量的前提下，尽可能简化指标，尽可能在系统性与简洁性之间体现恰当的平衡。

4. 设置恰当的指标权重

在科技成果评价工作中，对评价结果影响最大的因素是指标的权重。指标权重反映了各指标的相对重要程度；体现评价的准则、标准、导向和重点。设置指标权重

---

① 用同一个单位无法衡量两个以上不同的量。

应注意:

1)根据评价活动的目的和准则,仔细分析各指标的相对重要性,以及对综合评价结果的影响,越是重要的指标,权重越高,反之亦然。

2)指标权重应与指标之间的相对独立性相适应,当某些指标之间存在相关性时,应综合考虑这组关联指标的权重。对具有相关性的指标可通过适当地降低其中部分指标的权重来处理,达到关联指标总权重的合理。

3)指标权重与各指标的区分度要相适应,对于区分度较低、效果不够理想的指标,赋予较低权重。区分度不高或评分准确度不高的指标,可适当裁减;但是为了体现评价的目标和评价指标体系的完整性,可以保留一些区分度不高的指标,对此可以赋予较低的权重。

4)指标权重与各指标表达的信息可靠性相适合。在评价指标的权重设计中,对那些信息可靠性较低的指标赋予较低权重。信息可靠性越高,其评判结果中可利用的价值就高,反之亦然。

5)由于影响权重配置的因素比较复杂和模糊,无法通过简便有效的成熟方法解决,因此在确定指标权重之前,可先设置一些模拟数据进行演算,或随机选择样本进行小范围的模拟评价,考察不同的权重分配对于评价总分的影响,依此调整完善各指标的权重。该过程可以重复多次,直至找到比较满意的权重。

5. 选择适当的评价方法

从气象科技成果评价的实践来看,采用的评价方法大致可分为 3 种,即定性评价(同行评议)、定量评价(文献计量)、定量评价及定性与定量相结合(综合指标)的评价。这 3 类评价方法的操作简单,结果可信,为科技成果评价的常用方法。

1)同行评议方法。同行评议方法目前仍是科技成果评价的主流方法,但其局限性和缺陷是:①保守性;②主观性;③非同行现象,即评审的专家未必都有能力对评价对象的价值作出公允的判断等。

2)计量评价方法。计量评价方法(引文分析、文摘计量)的优点是具有较强的科学性和客观性,不受个人主观因素干扰和其他非科学因素的影响,有助于规范评价行为。其不足之处在于:①成果统计有时间的滞后效应;②计量分析指标只适用于已公开发表的学术论文、公开出版的著作等科研成果;③引文信息失真。

3)多指标综合评价方法。近年来,科技成果的评价多采用多指标综合评价方法,其优点是减少评价的主观性,增强客观性。

多指标综合评价方法通常有三部分组成:指标体系、指标的等级划分及量化表征、数学模型。通过一组定量指标和定性指标构成指标体系,从不同维度评价一个对象,再根据各指标的权重将这些指标评价结果进行综合计算,形成对该对象的综合评价结果。

第十二章　气象科技成果水平/价值评价指标体系的构建

在气象科技成果评价中,成果的水平和成果的价值是评价活动的内容之一,本章介绍气候变化专项成果水平和价值评价指标体系的构建与评价方法。

第一节　气候变化专项成果水平评价指标

气候变化专项是中国气象局针对本部门开展应对气候变化工作而设立的专项科研资金,项目周期一般为 1～2 年,资助的主要方向为气候基础理论研究、气候应用基础研究、气候变化适应对策研究和气候业务平台建设。项目支持的主要内容包括:基本气候变化事实的监测与研究,气候变化对自然生态、城市发展、能源消耗等的影响研究,适应气候变化的对策研究和气候变化相关业务平台建设等。

多年来,科技管理部门对气候变化专项研究成果的评价多采用专家评议的项目验收方式,尚未专门采用指标评价方式评价项目产出的科技成果。

本章讨论了构建适合于气候变化专项成果的评价指标体系和评价方法。

1. 设计思路

气候变化专项的研究项目既有基础理论研究类项目,也有业务应用类项目,前者为是探索、发现阐释自然现象及其规律的应用基础项目,具有较强的理论性;后者是融合、集成、创新业务技术方法,解决业务技术难题的技术项目,具有明显的应用特点。

由于项目的性质和研究目标有所不同,产生的成果表现形式既有相同处,也有不同点,如基础理论研究的项目成果主要是论文,而业务技术项目成果除了论文之外,还有业务系统、模型算法等,因此,评价不同项目属性和不同表现形式的研究成果需要构建有区别的不同的指标评价体系。基础理论研究类项目的研究目标是探索、发现、阐释自然现象及其规律,指标体系的成果评价重点则是成果的科学价值和意义;业务技术类项目的项目目标是应用、融合、创新技术方法,解决业务技术中的现实问题,指标体系的成果评价重点是成果在业务应用中的表现、作用和影响,以及成果应用产生的经济和社会效益等。

鉴于以上的分析,气候变化专项成果评价指标体系分为基础研究成果评价指标体系和业务技术成果评价指标体系。

2. 构建方法

基础研究成果评价指标体系和业务技术成果评价指标体系的构建采用层次分析法,将基础研究成果和业务技术成果的各组成部分分解为元素,并确定各元素之间的关系,再将这些元素按照属性分成层次,构成基础研究成果和业务技术成果评价的递价层结构,其基本的步骤是:

1)建立问题的递阶层次结构;

2)构造两两比较判断矩阵;

3)进行层次因素(指标)单排序数值的计算;

4)进行 APH 判断矩阵一致性检验。

3. 基础研究成果水平评价指标体系

基础研究类项目主要是开展有关气候变化的科学基础、影响和适应、对策的战略性、综合性和关键性科学问题的研究,内容包括基本气候变化事实的认识、气候变化对自然生态、城市发展、能源消耗等的影响研究和适应对策研究等。

基础研究类项目成果评估指标体系为 3 层结构,由影响力、科学价值 2 个一级指标,论文、专著、决策咨询报告、成果水平和价值表现 5 个二级指标和 14 个三级指标构成。其中一半的指标可以直接量化表示,另一半指标需经专家主观评价后再量化表示。

基础研究成果水平评价指标体系见表 12-1。

表 12-1　基础研究成果水平评价指标体系

一级指标	二级指标	三级指标
1. 影响力	1.1 论文	1.1.1 国内外期刊论文
		1.1.2 国内外会议论文
	1.2 专著	1.2.1 国内正式出版的专著
		1.2.2 国外正式出版的专著
	1.3 决策咨询报告	1.3.1 国家级决策咨询报告
		1.3.2 地方级决策咨询报告
		1.3.3 部门级决策咨询报告

一级指标	二级指标	三级指标
2. 科学价值	2.1 成果水平	2.1.1 创新性
		2.1.2 科学性
		2.1.3 可靠性
		2.1.4 系统性
	2.2 价值表现	2.2.1 参考价值
		2.2.2 指导价值
		2.2.3 应用价值

4. 业务技术成果水平评价指标体系

气候变化专项研究成果中的业务技术类成果主要是面向气候变化业务的实际需求,成果的表现形式有业务系统、数据库等。

评价指标体系的结构为 3 层。其中一级指标 2 个,二级指标 4 个,三级指标 10个。所有指标都是主观指标,需经专家主观评价后再量化处理。

业务技术成果水平评价指标体系见表 12-2。

表 12-2　业务技术成果水平评价指标体系

一级指标	二级指标	三级指标
1. 技术水平	1.1 先进性	1.1.1 创新性
		1.1.2 完备性
	1.2 综合性	1.2.1 架构合理
		1.2.2 功能全面
		1.2.3 运行稳定
2. 业务表现	2.1 有效性	2.1.1 与运行条件匹配
		2.1.2 与原系统的匹配
	2.2 实用性	2.2.1 进入业务运行序列
		2.2.2 业务单位认可
		2.2.3 业务试运行

5. 评价指标的权重

设置指标权重采用专家评议方法,取专家评议的平均权重。

基础研究成果和业务技术成果评价指标权重系数见表 12-3 和表 12-4。

表 12-3 基础研究成果水平评价指标权重系数

一级指标	权重	二级指标	权重	三级指标	权重
1. 影响力	0.5154	1.1 论文	0.1968	1.1.1 国内外期刊论文	0.1167
				1.1.2 国内外会议论文	0.0801
		1.2 专著	0.1446	1.2.1 国内正式出版的专著	0.1205
				1.2.2 国外正式出版的专著	0.0241
		1.3 决策咨询报告	0.1739	1.3.1 国家级决策咨询报告	0.0682
				1.3.2 地方级决策咨询报告	0.0608
				1.3.3 部门级决策咨询报告	0.0450
2. 科学价值	0.4846	2.1 成果水平	0.2298	2.1.1 创新性	0.0625
				2.1.2 合理性	0.0581
				2.1.3 可靠性	0.0595
				2.1.4 完整性	0.0498
		2.2 成果实用性	0.2548	2.2.1 参考价值	0.0775
				2.2.2 可指导性	0.0897
				2.2.3 使用价值	0.0875

表 12-4 业务技术成果水平评价指标权重系数

一级指标	权重	二级指标	权重	三级指标	权重
1. 技术水平	0.4785	1.1 先进性	0.219	1.1.1 系统的创新性	0.1159
				1.1.2 系统的完整型	0.1031
		1.2 综合性	0.259	1.2.1 系统架构的合理性	0.0805
				1.2.2 系统的质量水平	0.0869
				1.2.3 运行的稳定性	0.0921
2. 业务表现	0.5215	2.1 有效性	0.285	2.1.1 系统的实施条件	0.1194
				2.1.2 系统的业务化应用效果	0.1665
		2.2 实用性	0.235	2.2.1 进入业务序列	0.0879
				2.2.2 业务单位的认可	0.0748
				2.2.3 业务试用	0.0729

6. 评分办法

气候变化专项研究成果的评分方法是根据项目评价专家对以上指标评价标准采

用百分制进行评分,由评价人员用各指标的专家评分乘以对应指标的权重得出,再分别算出各级指标的分数,并由此得到对评价对象的评价分数。

专家对基础研究成果的评分可依据表 12-5 的指标说明与评分标准;对业务技术成果的评分可依据表 12-6 的指标说明与评分标准。

表 12-5　基础研究成果水平评价的指标说明与评分标准

指标	指标说明	分级说明
1.1.1 国内外期刊论文	期刊发表情况	分为:国外 SCI(SCIE)检索论文、国内核心期刊论文、国外非 SCI(SCIE)检索论文、国内非核心期刊论文 4 个级别,分别对应 100~75 分,75~50 分,50~25 分,25~0 分。
1.1.2 国内外会议论文	会议交流情况	分为:国外会议、国内会议、未参加会议 3 个级别,分别对应 100~80 分,80~50 分,50~0 分。
1.2.1 国内正式出版的专著	出版情况	分为:正式出版、未正式出版 2 个级别,分别对应 100~50 分,50~0 分。
1.2.2 国外正式出版的专著	出版情况	分为:正式出版、未正式出版 2 个级别,分别对应 100~50 分,50~0 分。
1.3.1 国家级决策咨询报告	支撑决策的层次与关注度	分为:上报国务院并获得领导批示、上报国务院未获得领导批示 2 个级别,分别对应 100~50 分,50~0 分。
1.3.2 地方级决策咨询报告	支撑决策的层次与关注度	分为:上报地方政府并获得领导批示、上报地方政府未获得领导批示 2 个级别,分别对应 100~50 分,50~0 分。
1.3.3 部门级决策咨询报告	支撑决策的层次与关注度	分为:上报中国气象局并获得领导批示、上报中国气象局未获得领导批示 2 个级别,分别对应 100~50 分,50~0 分。
2.1.1 创新性	方法新颖、内容新颖、观点新颖	分为:填补空白、重大改进、有一定改进和没有明显改进 4 个级别,分别对应 100~70 分,70~40 分,40~20 分,20~0 分。
2.1.2 科学性	立项合理、方法可行、结果合理	分为:很合理、比较合理、一般合理和不合理 4 个级别,分别对应 100~75 分,75~50 分、50~25 分和 25~0 分。
2.1.3 可靠性	数据采样可靠、研究过程完整、研究结果可信	分为:可靠、比较可靠、一般可靠和不可靠 4 个级别,分别对应 100~75 分,75~50 分、50~25 分和 25~0 分。
2.1.4 完整性	数据处理完整、试验过程完整、结果计算完整	分为:很完整、比较完整、不太完整和不完整 4 个级别,分别对应 100~75 分,75~50 分,50~25 分,25~0 分。
2.2.1 参考价值	对政府或部门决策是否具有参考价值	分为:非常有价值、比较有价值、一般有价值、没有价值 4 个级别,分别对应 100~75 分,75~50 分,50~25 分,25~0 分。

指标	指标说明	分级说明
2.2.2指导价值	对科研、业务活动的指导价值	分为:很好指导、较好指导、一般指导和无指导4个级别,分别对应100~75分,75~50分、50~25分和25~0分。
2.2.3应用价值	为相关研究或决策活动或文件采用	分为:采用、大部分采用、小部分采用、未采用4个级别,分别对应100~70分,70~40分,40~20分,20~0分。

表 12-6　业务技术成果水平评价指标说明与评分标准

指标	指标说明	分级说明
1.1.1创新性	开发的系统与已有的同类系统相比有创新	分为:填补空白、重大改进、有一定改进和没有明显改进4个级别,分别对应100~70分,70~40分,40~20分,20~0分。
1.1.2完备性	指开发的系统与已有的同类系统相比考虑周全	分为:远超预期、稍超预期、符合预期,未达预期4个层次,分别对应100~75分,75~50分,50~25分,25~00分。
1.2.1架构合理	系统的架构在稳定、安全、兼容和更新自动化等方面的综合评价	分为:很合理、比较合理、一般、不合理4个层次,分别对应100~75分,75~50分,50~25分,25~0分。
1.2.2功能全面	与同类系统相比在操作、控制、运行、质量、输出/输入等方面	分为:很好、比较好、一般和不好4个级别,分别对应100~75分,75~50分,50~25分,25~0分。
1.2.3运行稳定	技术、系统或平台运行时的稳定性	分为:很稳定、较稳定、不太稳定、不稳定4个级别,分别对应100~75分,75~50分,50~25分,25~0分。
2.1.1与运行条件匹配	适于原运行条件	可分为:非常匹配、较匹配、不太匹配、不匹配4个级别,分别对应100~75分,75~50分,50~25分,25~0分。
2.1.2与原系统的匹配	适于原系统的运行	分为:非常匹配、较匹配、不太匹配、不匹配4个级别,100~70分,70~40分,40~20分,20~0分。
2.2.1进入业务运行序列审	经过相关业务主管部门审批进入业务序列	根据审批意见可分为:同意进入业务、不同意进入业务,分别对应100分和0分。
2.2.2业务单位认可	业务使用单位对成果的评价	分为:认可、比较认可、基本认可、不认可4个级别,分别对应100~75分,75~50分,50~25分,25~0分。
2.2.3业务试运行	成果在业务过程中试用评价	分为:可用、基本可用、改进后可用、不可用4个级别,分别对应100~75分,75~50分,50~25分,25~0分。

第二节　气象科技成果价值评价指标体系

气象科技成果价值评价指标体系是针对气象科技成果的价值作出评判。

1. 评价的对象、内容与重点

气象科技成果价值评价指标体系的评价对象是气象科技成果中的文字型和实物型成果，如论文、论著、探测仪器、元器件等。

气象科技成果价值评价指标体系的内容涉及研究项目中的研究方案、试验过程、技术路线、成果产出、成果应用、成果传播。评价的重点是成果学术价值和使用价值。

气象科技成果价值评价指标体系以科学性、先进性和公认性指标表示气象科技成果的学术价值；以成熟度、共享度、传播范围和贡献程度指标表示气象科技成果的使用价值。

2. 评价指标描述

(1)学术价值是指成果对于基本理论的贡献，或填补理论空白，或深化基本理论，或验证基本理论，或修正基本理论。

(2)科学性是指产生成果的研究方案设计严谨，研究过程完整，数据处理可靠，分析论证合理，研究结果可重复或复制。

(3)先进性是指成果在国际、国内同类的研究和技术层面上所处的位置和水平。

(4)公认性是指学术界对成果认可的范围、知识产权状况、获奖情况等。

(5)使用价值是指成果在气象业务中体现出的功效。

(6)成熟度指成果的成熟状态，由已应用、拟应用、试用和试验四种状态表示。

(7)共享度是指气象科技成果转化应用范围。

(8)传播度是指成果传播的深度和广度。

(9)贡献度是指气象科技成果对气象业务能力提升的贡献程度。

3. 评价指标体系和评分标准

气象科技成果价值评价指标体系设置了 2 个一级评价指标，即学术价值和使用价值。一级指标"学术价值"含科学性、先进性和公认性 3 个二级指标，其中前两个二级指标为同行评议的主观指标，第三个指标为量化指标；一级指标"使用价值"含成熟度、共享度、传播度和贡献度 4 个二级指标。见表 12-7。

表 12-7　指标体系结构和评分标准

气象科技成果价值评价指标体系

一级指标	二级指标	评分标准
（一）学术价值	科学性	1. 目标：④超过预期；③实现预期；②部分达到；①未达到 2. 方法：④首创；③引用再创新；②借鉴先进方法；①重复 3. 数据：④准确；①无法确定 4. 结论：④结论合理；③部分合理；①不太合理
	先进性	国际领先：④国际机构肯定评价>1 次；③国内领先并达到国际先进>1 次；②国内先进并达气象部门内领先；①部门内先进
	公认性	1. 主要论文发表期刊档次：④国际核心期刊；③国际一般期刊；②国内核心期刊；①国内一般期刊 2. 论文被他人正面引用情况：④>50 次；③26～50 次；②11～25 次；①<10 次 3. SCI 收录情况：④>10 篇；③6～10 篇；②2～5 篇；①<2 篇 4. 知识产权：②专利权、著作权>2 项；①>1 项 5. 国家或行业标准或指南：②>2 项；①>1 项 6. 获奖情况：④国家；③科技部；②中国气象局；①省气象局
（二）使用价值	成熟度	④已替代原有技术；③准备替代原有技术；②试用阶段；①前试验阶段
	共享度	④跨行业应用；③行业内国家级应用；②行业内省级应用；①行业内地市级应用
	传播度	④论文入选国际一流专业会议；③论文入选国际一般专业会议；②论文入选国内一流专业会议；①论文入选国内一般专业会议
	贡献度	④已用于常规业务；③拟用于专项业务；②试用；①<应用前试验

注：表中④、③、②、①为评价分数。

4. 指标权重设置

评价指标体系的权重系数采用专家评议法。将拟好的指标权重参考值提供给一定数量的专家，征询专家的意见，经过二、三次征询、计算、反馈后，再取平均值确定气象科技成果价值评价指标的权重值。

具体步骤：

1）编制权重征询表。将此表发给 m 位专家，填写指标的权重值，表中 n 表示所有指标的个数，$j=1,2,\cdots,m$；

2）收集 m 位专家给出的每项指标的权重，进行平均，得出权重的平均值。计算公式为：$q_i=1m_1/4m_j=1q_{ij}(i=1,2,\cdots,n)$；

3）归一化结果。若 $1/4m_j=1q_i=p$，则序号 i 对应指标的权重为 $w_i=q_ip(i=1,2,\cdots,n)$。

5. 评分标准与评分方法

评价指标体系二级指标标准④③②①分别代表 4 分、3 分、2 分、1 分,得出每一个项目对应每一指标的得分,再与指标权重相乘,即得出每项指标总分。

1)三级评价指标得分的计算

计算公式:三级评价指标得分＝$100 \times \sum$(各三级评价指标参数$\times$系数)/ MAX($\sum$(各三级评价指标参数$\times$系数))

2)二级评价指标得分的计算

计算公式:二级评价指标得分＝$100 \times \sum$(各二级评价指标得分$\times$权重)/ MAX($\sum$(各二级评价指标得分$\times$权重))

3)一级评价指标得分的计算

计算公式:一级评价指标得分＝$100 \times \sum$各一级评价指标得分 / MAX($\sum$各一级评价指标得分)

4)综合排名得分的计算

计算公式:最终综合排名得分＝$100 \times \sum$(三级评价指标得分$\times$权重)/ MAX($\sum$(三级评价指标得分$\times$权重))。

第十三章　气象科技成果业务化/跟踪评价指标体系

在气象科技成果评价中,成果业务化评价和成果的跟踪评价是评价活动的内容之一,本章介绍以气象科技成果业务化评价和成果跟踪评价为目标的气象科技成果评价指标体系的构建和评价的方法。

第一节　气象科技成果业务化评价指标体系

气象科学研究工作即是气象事业的重要组成部分,在气象事业发展中发挥重要的技术支撑作用。气象科学研究大多是从凝练气象业务中的技术问题开始,以提供解决气象业务技术难题的方法结束。气象科技计划、气象科研项目的类型和成果的载体形式充分体现出这个特点,即大多数气象科技活动都是围绕着促进气象业务发展,解决气象业务服务的关键技术问题而展开,研究成果又应用于实际气象业务中。因此,气象科技成果业务化的评价以满足气象业务技术需要,成为气象业务工具(或称"业务化")为目标。

1. 评价的范围、对象与重点

气象科技成果业务化评价主要面向气象部门承担的公益性行业(气象)科研专项、国家科技攻关计划/科技支撑计划项目、气象关键技术集成与应用项目的科技成果。依据气象科技成果的分类结果,评价对象分别设置:首先是气象基础理论成果,其次为气象应用技术类成果,再有是气象软科学研究成果。评价重点是这些成果在气象业务中应用状态,即成果在气象业务上的应用转化状况。

2. 相关概念的描述

1)业务试验:是指成果经实验室(外场试验)测试后投入实际业务环境中试运行的过程。其目的在于测试各项指标在实际业务活动中的性能,并根据实验结果进一步改进完善。

2)准业务运行:是指成果参照业务流程,与现行业务系统一并运行,但尚未正式纳入业务流程。其目的在于考核项目成果在实际业务中运行的可靠性和稳定性。该概念是相对业务运行而言的。

3)业务化:经业务试验测试和准业务运行后,成果各项技术指标达到业务运行要求,已形成定型产品或成熟技术,经过一段时间的业务正式运行,并通过职能部门组织的检验、认证和业务准入的正式的批文手续。

3. 评价的重点与指标

对气象基础理论成果评价的重点是发现前人未曾发现的自然现象和自然规律,提出新观点或新看法。具体的评价指标和指标含义见表13-1。

表13-1　气象基础理论成果的评价指标和指标含义

指标	指标含义
科学意义	指成果在学术研究方面的意义和作用
成果价值	指成果在学科发展方面的地位和影响
创见高度	指在自然现象和规律发现的基础上,有理论上的创见,新的学说或理论的意义
发现程度	指发现自然现象、揭示科学规律和提出学术观点方面的意义
难易程度	指成果在研究过程中难易程度
正面他引次数	指已公开发表的论文被他人正面引用的次数
论文刊物影响因子	指发表论文的刊物影响度,即刊物的影响因子

对应用技术类成果的评价重点是成果中反映的新技术、新方法、新装备,以及提高气象预报预测水平、增强气象服务能力的作用。评价指标和指标含义见表13-2。

表13-2　应用技术类科技成果的评价的指标与指标的含义

评估指标	指标说明
科学意义	指成果在气象科学技术发展中的地位及影响程度
学科价值	是指成果在学科领域中的作用和影响
创新程度	指利用科学知识和原理,在技术方法、工艺等方面自主创新的比重
难易程度	指成果在开发和应用过程中的难易程度
技术经济指标	指成果所实现的技术指标(包括性能、性状、工艺参数等)、经济指标(投入产出比、性能价格比、成本、规模等)、环境生态指标等
应用和推广程度	指成果在国内的推广应用情况
经济和社会效益	指成果应用或转让所取得的直接经济、间接经济效益,或在环境、生态、资源等保护与合理利用方面,在提高人民生活质量和健康水平,以及防灾减灾,保障经济社会和谐可持久发展等方面所取得的社会效益
技术辐射能力	指成果所具有的推广应用前景,即技术共享度

对气象软科学成果的评价重点是评价软科学成果的质量和水平,以及对决策和管理的支撑作用。评价内容包括:科学价值和意义;对决策科学化和管理现代化的作用和影响;观点、方法和理论的创新性。评价指标和指标含义见表13-3。

表 13-3　软科学成果的评价的指标与指标的含义

评估指标	指标含义
创新程度	研究成果在理论观点及研究方法上的创新
研究难度与复杂程度	研究内容的难易程度和复杂程度
科学价值与学术水平	所提出的观点、理论、方法的科学价值与学术水平
对决策科学化和管理现代化的影响程度	成果在管理决策上的影响,在管理上发挥作用
取得的经济效益和社会效益	成果所发挥的作用,取得的经济或社会效益
与国民经济、社会、科技发展战略的紧密程度	成果与国民经济、社会、科技发展需求的联系程度

4. 评价指标体系

气象科技成果业务化评价指标体系的设计以公益性行业(气象)科研专项、国家科技攻关计划/科技支撑计划项目和气象关键技术集成与应用项目所产生的研究成果为评价对象,以项目成果中实用技术成果的业务化为评价目标。

评估指标体系结构为三层。其中,一级指标 2 个,二级指标 5 个,三级指标 10 个。业务化评价指标体系见表 13-4,指标解释和评分说明见表 13-5。

5. 指标权重设置的方法与过程

业务化评价指标的权重赋值采用层次分析法(APH)相关赋值方法。其过程是先建立评价对象的递阶层次结构,然后构造两两比较判断矩阵,再次进行层次因素(指标)单排序数值的计算。经进行 APH 判断矩阵一致性检验后,计算各层指标的组合权重,形成指标权重系数表。

表 13-4　业务化评价指标体系

一级指标	二级指标	三级指标
1. 技术水平	1.1 成熟性	1.1.1 技术方法完整
		1.1.2 技术过程完整
	1.2 先进性	1.2.1 技术指标优先
		1.2.2 技术替代可行
	1.3 实用性	1.1.3 易掌握
		1.1.4 易使用
2. 业务表现	2.1 对接有效	2.1.1 无技术障碍
		2.1.2 无技术修复
	2.2 运行稳定	2.2.1 运行可靠
		2.2.2 效果明显

表 13-5　业务化评价指标和评分说明

指标	指标说明	评分说明
1.1.1 技术方法完整	指成果技术内容中的数据获取、计算、分析、论证的方法完整	分为:数据获取、模型计算、理论分析、结果论证 4 个阶段,每项内容 25 分
1.1.2 技术过程完整	指成果研发的技术过程完整	分为:实验室、业务试验、准业务运行、业务化 4 个阶段,每项内容 25 分
1.2.1 技术指标优先	指成果的技术指标好于原技术	分为:部分优、关键优、核心优、全优 4 个等级,分别对应 0～20 分,20～40 分,40～70 分,70～100 分
1.2.2 技术替代可行	指成果可以替代原有技术	可分为:部分替代、关键替代、核心替代、完全替代,分别对应 0～20 分,20～40 分,40～70 分,70～100 分
2.1.1 对接有效	指成果与现有业务的对接难易和兼容程度	可分为:不容易、不太容易、较容易、非常容易 4 个级别,分别对应 0～25 分,25～50 分,50～75 分,75～100 分
2.1.2 运行稳定	指成果业务化后的运行效果	分为:没有效果、效果一般、效果较好、效果显著 4 个级别,0～20 分,20～40 分,40～70 分,70～100 分

具体过程如下:

(1)分析系统中各因素之间的关系,建立系统的递阶层次结构;

(2)构造两两比较的判断矩阵,对同一层次的各元素的重要性进行两两比较;

(3)由判断矩阵计算被比较元素对于该准则的相对权重;

(4)计算各层元素对系统目标的合成权重,并进行排序。

经计算,公益性行业(气象)科研专项成果的业务化评价指标权重见表 13-6;气象关键技术集成与应用项目成果业务化评价指标权重见表 13-7;国家科技攻关计划项目成果业务化评价指标权重见表 13-8。

表 13-6　公益性行业(气象)科研专项成果业务化评价指标的权重

一级指标	权重	二级指标	权重	三级指标	权重
1. 技术水平	0.6898	1.1 成熟性	0.3882	1.1.1 技术方法完整	0.2190
				1.1.2 技术过程完整	0.1692
		1.2 先进性	0.1993	1.2.1 指标先进	0.1375
				1.2.2 替代可行	0.0618
		1.3 实用性	0.1025	1.3.1 易学	0.0461
				1.3.2 耐用	0.0564

续表

一级指标	权重	二级指标	权重	三级指标	权重
2. 业务表现	0.31	2.1 对接有效	0.2579	2.1.2 无技术障碍	0.1035
				2.1.3 无技术修复	0.1544
		2.2 运行稳定	0.0521	2.2.1 运行可靠	0.0261
				2.2.2 效果明显	0.0260

表 13-7 气象关键技术集成与应用项目评价指标权重

一级指标	权重	二级指标	权重	三级指标	权重
1. 技术水平	0.4998	1.1 成熟性	0.2853	1.1.1 技术方法完整	0.1325
				1.1.2 技术过程完整	0.1528
		1.2 先进性	0.086	1.2.1 技术指标先进	0.0515
				1.2.2 技术替代可行	0.0345
		1.3 实用性	0.1283	1.3.1 易掌握 1.3.2 易使用	0.1283/2
2. 业务表现	0.5	2.1 对接有效	0.3843	2.1.1 无技术障碍	0.1730
				2.1.2 无技术修复	0.2113
		2.2 运行可靠	0.1157	2.2.1 运行可靠 2.2.2 效果明显	0.1157/2

表 13-8 国家科技攻关计划项目评价指标权重

一级指标	权重	二级指标	权重	三级指标	权重
1. 技术水平	0.6898	1.1 成熟性	0.4683	1.1.1 技术方法完整	0.2888
				1.1.2 技术过程完整	0.1795
		1.2 先进性	0.2404	1.2.1 成果是否容易被替代	0.0965
				1.2.2 成果的创新性	0.1439
		1.3 实用性	0.1234	1.3.1 易掌握 1.3.2 易使用	0.1234/2
2. 业务表现	0.31	2.1 对接有效	0.1084	2.1.1 无技术障碍	0.0649
				2.1.2 无技术修复	0.0435
		2.2 运行可靠	0.0595	2.2.1 运行可考 2.2.2 效果明显	0.0595/2

6. 评分的计算

根据评价标准,项目评价专家采用百分制方法对以上指标进行打分。三级指标分值用各指标的专家得分乘以对应指标的权重得出的,依此计算出二级指标和一级指标的得分,得到整体评价分数。

1)三级评价指标得分的计算

计算公式:三级评价指标得分＝100 ×∑(各三级评价指标参数×系数)/ MAX(∑(各三级评价指标参数×系数))

2)二级评价指标得分的计算

计算公式:二级评价指标得分＝100 ×∑(各二级评价指标得分×权重)/ MAX(∑(各二级评价指标得分×权重))

3)一级评价指标得分的计算

计算公式:一级评价指标得分＝ 100 ×∑各一级评价指标得分 / MAX(∑各一级评价指标得分)

4)综合排名得分的计算

计算公式:最终综合排名得分＝100 ×∑(三级评价指标得分×权重)/ MAX(∑(三级评价指标得分×权重))。

第二节　气象科技成果跟踪评价指标体系

气象科技成果的跟踪评价是指科技项目结题以后,追踪项目成果的应用轨迹,持续评价成果的作用、影响、效果和效益。

跟踪评价的目的是跟随项目成果结题验收后的表现情况进行评价,并将评价的结果,反馈给科技管理部门,为科技决策咨询、制定政策、开展精细化的科技管理等提供有价值的决策信息和参考依据。

1. 指标体系的构建思路

气象科技成果跟踪评价的对象是推广应用于气象业务的项目成果,如气象业务系统、气象仪器仪表等,无法应用和没有应用的成果不在评价的范围之内,如论文等文本型的成果。跟踪评价的时间节点是气象科技项目结题验收以后,项目成果应用的开始之时。

跟踪评价指标体系的评价重点是成果在结题验收之后的应用状态、作用、影响和效果。指标的设置既要反映气象科技成果的自身价值,又要表现出在业务应用中直接体现的价值、作用、效果,还要考虑成果应用带来的间接效应,或称边际效应。

2. 指标体系的结构

气象科技成果跟踪评价指标体系的结构分为三层 3 个维度,即价值、效果和效应,依此设置价值表现、效果表现、效应表现 3 个指标要素为一级指标;3 个一级指标分别下设 8 个二级指标,分别为学术价值、业务价值、业绩表现、效益表现、充实基础、后续支持、领域拓展、人才培养。二级指标下又分别设置 15 个三级指标,分解上层的 8 个二级指标,如学术价值和业务价值 2 个二级指标的评价目标由内容新颖、方法创新、学科影响、技术能力和技术水平 5 个三级指标解释。

跟踪评价指标体系中的关键指标是业绩表现和效益表现。气象科技成果跟踪评价指标体系的框架见表 13-9。

表 13-9　气象科技成果跟踪评价指标体系

一级指标	二级指标	三级指标	指标说明	评分依据
价值表现	学术价值	内容新颖	技术指标/参数	A 新　B 较新　C 一般
		方法创新	研究思路/方法	A 新　B 较新　C 一般
		学科影响	在学术领域的影响/地位	A 大　B 较大　C 一般
	业务价值	技术能力	成果应用前/后	A 能　B 不能
		技术水平	成果应用前/后	A 远超以往　B 超过以往 C 略超以往　D 与以往相同
效果表现	业绩表现	适用性	在业务应用中的适用状况	A 完全适用　B 基本适用 C 部分适用　D 不适用
		替代性	替代原有技术	A 完全替代　B 部分替代 C 尚未替代
		效益性	气象业务中体现的作用	A 效益明显　B 效益一般 C 未见效益
	效益表现	用户评价	用户的满意程度	A 非常满意　B 满意 C 比较满意
效应表现	充实基础	知识产权	论文/论著	ASCI 等　B 核心期刊 C 省级期刊
		促进立项	对科研项目立项的支持	A 国家级项目　B 省部级项目 C 厅局级项目
	后续支持	后续支持	后续研究项目	A 国家级项目支持 B 省级项目支持 C 厅局级项目支持
	领域拓展	技术转移	其他领域借鉴或应用	A 借鉴　B 参考　C 移植
	人才培养	高层次人才	有否入选高层次人才	A 国家级学科带头人 B 省级学科带头人 C 厅局级学科带头
		硕博培养	硕士或博士毕业生培养	A 培养的博士　B 培养硕士

3. 主要指标描述

1)价值表现:指气象科技项目验收结题后,其成果的真实价值状况,内含学术价值和业务价值 2 个二级指标。

2)效果表现:指气象科技成果转化应用后表现出的效果,内含业务业绩和效益表现 2 个二级指标。

3)效应表现:指由气象科技成果的产生带来的一系列反应,内含充实基础、后续支持、领域拓展、人才培养 4 个二级指标。

4. 指标权重设置过程和指标权重系数

(1)气象科技成果跟踪评价的指标权重设置采用专家咨询法,其设置的过程是:

1)选定专家,给出赋权要求,且保证权数归一化;

2)由各位专家对各项指标给指标赋权;

3)汇总专家的赋权结果,再将计算的结果反馈给各位专家;

4)专家参考反馈意见修改赋权结果,给出新的指标权重值;

5)重复反馈与反复修改,直到达到符合要求的精度;

6)以各位专家最终赋权值的平均值作为权重结果。

(2)指标权重系数

经多次反复计算,气象科技成果跟踪评价各项指标的权重为:3 个一级指标的权重值为:价值表现(0.3664)、效果表现(0.4186)、效应表现(0.2149);8 个二级指标的权重值,分别为学术价值(0.1832)、业务价值(0.1832)、业绩表现(0.2702)、效益表现(0.2703)、充实基础(0.1484)、后续支持(0.0967)、领域拓展(0.0967)、人才培养(0.0967)。

第十四章　气象科研成果应用效益/效果评价

在气象科技成果评价中,成果应用效益和效果是评价活动的内容之一,本章介绍以气象科研成果应用效益和气象标准应用效果为评价目标的指标体系构建和评价方法。

第一节　气象科研成果应用效益评价指标体系

1. 气象科研成果应用效益的概念

气象科研活动是人类认识自然、探索自然的科学行为,气象科研成果的应用领域多在属于社会公益事业的气象部门,气象科研成果的应用只有通过气象业务的运行平台才能给国家、社会和公众带来各种效益。气象科技成果应用所产生的效益有间接效益和直接效益的区别。

气象科研成果的应用效益是指气象科技人员创造的知识产品和业务工具在气象业务中应用中所产生的作用、效果和效益。气象事业是社会公益性事业,气象科研成果的应用效益主要体现在:促进气象科技人员加深对天气气候自然规律的认识和解释,改进气象业务工具的技术性能,提升气象业务技术的水平方法,强化对气象业务运行的技术支撑,进一步实现气象部门为政府、社会、国民经济各行业和全体公民提供更为满意的天气气候信息,以达到全社会防灾减灾的目的。

气象科研成果应用的直接效益是认识自然的知识积累,解决气象业务中的关键技术问题,为提高气象业务能力提供技术支持;间接效益是提供可满足国家安全、经济发展和人民生活需要的气象信息产品,保障人民生活质量的社会效益和防灾减灾的经济效益等。

从这个概念出发,气象科研成果的应用效益主要体现在:

①科研效益,即对气象学学科发展的意义与作用;

②业务效益,即对气象业务技术改进和水平提升的作用与支持;

③服务效益,即对提高气象服务质量的作用与影响,以及由此而间接产生的社会效益、生态效益和经济效益等。

2. 评价的对象、目标和指标体系的结构

气象科研成果应用效益评价指标体系的评价对象是气象部门所承担的科研计划项目所产生的研究成果,这些科研计划项目包括:公益性行业(气象)科研专项、气象新技术推广项目和国家科技攻关计划/科技支撑计划。

气象科研成果应用效益评价指标体系的评价目标是气象科技计划项目成果的应用效益。

评价指标体系的内容有:研究工作的绩效、项目成果的学术价值、成果应用产生的效益、成果推广应用情况、人才培养和成果应用的前景。其中,每个一部分中又含多个评价要素。

气象科研成果应用效益评价体系的层次结构为三层,其中一级指标有 6 个,二级指标有 12 个,三级指标 52 个。

评价的总目标是气象科研成果的应用效益,一级指标是分解总目标的维度,二级指标是评价维度的再分解,三级指标是对二级指标的细化和详解。

3. 关键指标的描述

1)研究成效(亦称科研绩效),即研究工作的成果与效率。用来衡量科技投入与产出之间的相对效率,表示研究团队付出的研究代价(或研究成本)与研究成果之间的关系。

2)科学价值与科学意义,即产出成果的学术价值和成果对业务运行的意义。科学价值和意义指标用来衡量项目成果的理论深度和应用价值。

3)经济、生态和社会效益,表示项目成果间接所产生的社会效益、生态效益和经济效益。

4)推广应用情况,指项目完成后,项目成果的推广应用的表现、行为、措施和成效等情况。

5)人才培养,指项目执行过程中所培养的各类人才。

6)应用前景,指对项目成果转化应用前景的预估。

4. 指标体系的构建与指标权重

评价指标体系的构建与权重设置采用专家评议法,即筛选评价指标和确定指标权重同时在调查问卷上向专家征询指标效度、指标权重及指标标准化的意见,再经整理、反馈、计算专家提供的最终数据,分别确定各指标的效度①和权重标准值,形成一套客观、全面,同时具备权威性和代表性的指标体系。指标权重值是根据各位专家对各项评价指标所赋予的相对重要性系数的算术平均值。

指标体系的构建与指标权重计算的基本过程是:

1)确定专家。选择本行业或本领域中既有实际工作经验,又有扎实的理论基础、

---

① 评价指标的有效性程度。

公平公正的专家；

　　2)专家初评。将待定权数的指标问卷提交给各位专家，并请专家在不受外界干扰的前提下独立的给出各项指标的权数值；

　　3)回收专家意见。将各位专家提交的权重数据收回，并计算各项指标的权数均值和标准差；

　　4)算出指标平均权重。

　　经二轮专家的意见征询后，各项指标的权重与其均值的离差不超过预先给定的标准，各项指标权数的均值成为相应指标的权数。表 14-1 为征询专家评议后，形成气象科研成果应用效益一级指标权重，见表 14-1。

表 14-1　一级评价指标权重

评价领域 项目类别	公益性行业 (气象)科研专项	中国气象局气象 新技术推广项目	国家科技攻关计划/ 科技支撑计划
1. 科研绩效	0.20	0.19	0.22
2. 科学价值和意义	0.21	0.16	0.23
3. 经济、生态和社会效益	0.17	0.15	0.15
4. 推广应用情况	0.15	0.23	0.13
5. 人才培养	0.11	0.11	0.13
6. 应用前景	0.16	0.16	0.14

　　5. 指标体系的效度检验

　　完成评价指标体系的初步设计后，采用了内容效度比和效度系数检验了指标体系中一级指标的效度和指标体系的内容效度，检验的结果见表 14-2。

表 14-2　一级指标的平均效度和效度系数

指标名称	平均效度	效度系数 β_i
绩效表现	4.63	0.10
科学价值和意义	4.543	0.09
经济、生态和社会效益	3.92	0.12
推广应用情况	4.46	0.11
人才培养	3.92	0.13
应用前景	4.33	0.12
一级指标的平均效度	$\beta = \sum\limits_{i=1}^{6} \beta_i/6 = 0.11$	

　　1)一级指标的效度检验

　　通过专家对指标有效性评分的计算。设评价指标集为 $U = \{u_1, u_2, \cdots, u_k\}$，参加指标体系效度打分的专家人数为 n，专家 j 对指标体系效度的评分集为 $X_j = \{x_{1j},$

$x_{2j}, \cdots, x_{kj}\}$，专家的人数为 n，则第 i 个指标 u_i 的效度系数为：$\beta_i = \sum\limits_{j=1}^{n} \dfrac{|\bar{x}_i - x_{ij}|}{nF}$，

其中 $\bar{x}_i$ 是 n 个专家对评估指标 u_i 效度评分的平均值，即 $\bar{x}_i = \sum\limits_{j=1}^{n} x_{ij}/n$ ，F 为评价指标效度评分中的最大值（采用李科特量表，因此该值为 5），评价指标体系的效度定义

为：$\beta = \dfrac{\sum\limits_{i=1}^{k} \beta_i}{k}$ ，系数绝对值越小，表明各专家对指标效度的认识越趋向一致，指标体系的有效性就越高，反之，则有效性越低。

　　经计算表明，评价指标的效度平均评分均大于 3（李科特量表值），指标可以确定为有效。

　　2）指标体系的效度检验

　　采用内容效度比对指标体系的内容效度进行检验，计算公式为：

$$CVR = \frac{n_e - n/2}{n/2}$$

式中 n 为评估主体的总人数；n_e 为认为某项指标可很好的评估人数；公式表明，当认为指标体系适当的人数不到半数时，CVR 是负值。当所有评价者都认为不妥时，$CVR = -1$。认为指标内容适合和不合适的人数对半时，$CVR = 0$。而当所有人都认为指标内容很好时，$CVR = 1$。

　　根据收回的咨询表统计，指标体系的内容效度比为：

$$CVR = \frac{n_e - n/2}{n/2} = \frac{24 - 24/2}{24/2} = 1.0$$

　　检验结果显示，从评价内容看，该指标体系的内容效度较高。

第二节　气象标准应用效果评价指标体系

　　气象技术标准是气象科技成果的一种表现形式，属气象科技成果评价的对象之一。

　　1. 评价指标的设计思路

　　评价标准的应用效果主要是评价标准颁布实施后的应用效果，即该项标准是否在规定的范围内，在多大程度上建立最佳秩序，共同获得了多大的效益。

　　利用评价指标体系判别气象标准应用效果的基本准则是标准使用者取得最佳秩序和获得共同效益的事实和体会。

　　因此，在评价指标的设计时，必须注意到：

　　1）被评价的标准必须是在实际工作中执行的标准，因为标准的效果只能是在技

术活动中的共同与重复使用之后才能有所体现,没有使用的标准,没必要做标准的效果评价。

2)在标准所规定的领域或范围内,建立最佳秩序和获得共同效益是标准应用效果的最高境界和最终目标。

3)气象标准具有社会公益的属性,气象标准的应用效果不能完全直接反映出执行气象标准所带来的经济效益和社会效益。因而,气象标准的应用效果主要体现在建立起气象技术活动和气象管理工作的最佳秩序,以及执行标准的潜在社会效益和经济效益。

2. 评价指标体系的构建

本指标体系的设计选择 3 个评价核心指标,即标准使用情况、建立最佳秩序、创造共同效益,以主观和客观相结合的综合评价方法评价气象标准的应用效果。评价指标体系的架构见表 14-3。

表 14-3　气象标准应用效果评价指标体系

	一级指标	二级指标
	标准使用状况	被法律或技术文件引用
		使用频率
		使用范围
标准效果	建立最佳秩序	内容(指标/参数)权威性
		规则(流程、程序)合理性
		流程完整性
		操作简单性
		实际使用可行
	创造共同效益	规范业务运行
		提高工作效率
		节约社会资源　减少经济损失
		降低灾害风险
		减少经济损失

3. 评价指标体系的结构

气象标准应用效果评价的目标是气象标准的使用效果,为评价的总目标。评价的重点是执行的气象标准在规定的技术领域和范围里的技术作用和执行气象标准的效果。

架构气象标准应用效果评价体系,采用了分解目标决策的方法。评价指标体系为 2 层结构,涉及标准的使用、建立技术秩序和产生共同利益 3 个维度。共设置 3 个一级指标,13 个二级指标。

　　一级指标"标准使用状况"采用,由"被法律或技术文件引用""使用频率"和"使用范围"3个二级指标表达。

　　一级指标"建立最佳秩序"的指标,由"指标/参数/定义权威""技术规则合理""工作流程完整""操作简单性""实际使用可行"5个二级指标表达。5个二级指标体现出可实现最佳技术秩序的关键因素。

　　一级指标"创造共同效益",由"规范业务运行""提高工作效率""节约社会资源减少经济损失""降低灾害风险""减少经济损失"5个二级指标表达。

　　4. 指标名词解释

　　1)标准使用状况。标准使用状况是指在气象业务中执行该项标准情况。

　　2)建立最佳秩序。建立最佳秩序是标准化的目标之一,即在一定范围内,使得技术活动或技术行为获得最佳运行秩序。所谓"最佳秩序",是指通过制定和实施标准,使标准化对象的有序化达到最理想的状态。标准化行业对"秩序"和"最佳秩序"的定义:"秩序是自然界和人类社会普遍存在的,用以描述客观事物之间和事物内部要素之间关系的量度。""最佳秩序"是对标准的作用和标准化目的最准确、最深刻的概括。它既是理解标准和标准化一系列问题的一个基本理论观点,也是探索标准化效益机理的一把钥匙。

　　由此可以认为,最佳秩序是指一定环境和一定条件的最合理秩序。标准化的目的之一就是建立最佳的秩序,使之井然有序、避免混乱、克服混乱。秩序和效率都是标准化的技术效果。"建立最佳秩序"集中地概括了标准的作用和制定标准的目的,同时又是评价标准的重要依据之一。

　　3)创造共同效益。该指标是从"取得最佳共同效益"分解出来的。旨在评价气象标准的社会效益。"取得最佳共同效益"是标准化另一个目标,同时也是评价标准的重要依据。所谓"最佳效益",指的是相关方的共同效益,而不是某一方的效益。

　　具有公益属性的气象标准涉及的相关方包括有政府(包括政府授权的管理部门)、社会组织和公众(标准服务对象)、实体(标准执行方),共同效益是指以上各方都可从实施气象标准而获得益处,即实现全社会的防灾减灾。

　　5. 指标权重设置

　　权重体现了每项指标在气象标准应用效果评价指标体系中的重要程度,因此权重是否科学合理,直接影响到气象标准应用效果评价的准确性,是评价过程中一个极其重要的因素。

　　气象标准应用效果评价指标的权重设置采用层次分析法确定,即根据专家给定的判断矩阵确定每项指标在整个指标体系中的权重。经反复多次征询专家给出的权重建议,算出每项指标的平均权重值。

　　6. 评价的方法

　　在评价作业的过程中,通过简易的评分表(见表14-4),请专家对照指标在表上给参评的标准评分。每项标准一张评分表,由评价人员计算每项标准的专家评价分数,即为参评标准的综合得分。

表 14-4 气象标准应用效果评分表

一级	二级指标	A	B	C	D	E
标准使用状况	被法律或技术文件引用	O	O	O	O	O
	使用频率	O	O	O	O	O
	使用范围	O	O	O	O	O
建立最佳秩序	内容权威性	O	O	O	O	O
	规则合理性	O	O	O	O	O
	流程完整性	O	O	O	O	O
	操作简单性	O	O	O	O	O
创造共同	规范业务运行	O	O	O	O	O
	提高工作效率	O	O	O	O	O
	节约社会资源	O	O	O	O	O
效益	降低灾害风险	O	O	O	O	O
	减少经济损失	O	O	O	O	O

第十五章 气象科技成果后效评价指标的构建

对气象科技成果的评价大多止于项目结题时的项目验收时。一般来说,项目结题验收结束以后,当时认可的项目成果,其后的表现和应用效果往往不得而知,主要原因在于气象科技成果的评价活动尚未延伸到项目成果产生后的一段时间里。

不同类型的气象科技成果,结题验收以后的时效表现有所不同。应用技术成果表现的时效 2～3 年;基础理论研究成果表现的时效会更长,5～8 年,甚至更长的时间。

本章介绍评价气象科技成果后期表现和实际应用效果的后效指标体系、评分规则、评分标准和评价方法。

第一节 后效评价的概念与作用

1. 后效评价的概念

气象科技成果后效评价是指成果在验收结束后的 1～3 年,或投入业务应用后 1～3 年的表现评价。气象科技成果后效评价的主要内容是成果的状态和应用效果,即成果应用转化后对相关技术活动、业务工作所产生的作用、影响和效益。

气象科技成果"后效评价"与"跟踪评价"在评价的内容上有所不同,"跟踪评价"的重点是评价科技项目活动的整体效果和总体状况,包括政策执行、目标制定、计划管理、研究过程、经费使用等,评价的结果是为未来的科技活动决策提供参考。气象科技成果后效评价的重点是成果产出后的表现和成果转化应用后是否达到预期的功能、效果、效益和影响。气象科技成果的转化方向和领域主要是服务气象事业发展和气象业务的运行,评价的重点是对气象事业发展和气象业务的运行所产生的作用、效果和影响。

2. 成果后效评价的作用

在气象科技成果评价的工作链条中,成果产生的认定评价和成果后效的延伸评价是成果评价活动的两个环节。气象科技成果的后效评价是对成果应用到业务领域所产生的效应、影响、作用和效益进行评价,也可成为科技活动和科技项目整体效果的反向查验和逆向考核,评价的结果可为以后的气象科技活动和决策提供素材、背书和参考。

气象科技成果后效评价的作用体现在以下几方面:

1. 有利于强化气象科技项目承担者的责任心。开展气象科技成果后效评价,可实现对气象科技项目的追踪评价和逆向考核,可加大对科技项目承担者的督促,强化提高项目研究团队的责任心。

2. 有利于对气象科技成果进行全面评价,既有成果水平的评价,也有实际使用价值的评价,促使研究人员开展研究活动时既要考虑科研立项和结题验收,还要关注成果产出和成果应用。

3. 有利于科技计划和决策定位于解决气象业务的重大科技问题,使得气象科技充分发挥支撑气象业务的作用。

第二节　成果后效评价的对象与内容

1. 成果后效评价的对象

依据气象科技成果总分类,气象科技成果分为气象基础理论成果、气象应用技术成果和气象软科学成果。在气象科技评价活动中,一般不评价基础理论研究成果和软科学研究成果,因为这两种类型的成果均属认识与揭示客观规律的思维性产品,其效果、效应的反映周期较长,且不具有明显的短期应用效果,不易用硬性的、量化的指标和时效要求来评价,故气象科技成果后效评价的对象是应用技术类的气象科技成果。

气象科技成果后效评价的对象是具有业务应用特点的技术性成果,主要包括气象业务技术方法、气象仪器装备和气象业务应用软件(或称业务平台、业务系统)三大类成果。以上三类成果大多都是面向气象业务研发,又转化应用到业务运行环境中,属典型的应用型成果,适于利用评价指标测量成果产生的效应及影响。

2. 后效评估的主要内容

参考一般科技成果后效评价的范例,气象科技成果后效评价的内容主要为是:成果应用后的效果、成果应用产生服务效益和成果应用带来的其他效应。

应用效果是指该成果在实际应用过程中,在体现成果(或规定)功能的客观表现。

服务效益是指该成果在应用过程中,成果使用者(受益方)得到的支持和帮助。成果使用者主要指气象业务人员;其产品享用者主要指接受气象服务的政府机构、社会组织和普通民众。

溢出效应是指该成果在应用过程中产生的超出预期的结果或反应。

第三节　指标名词解释

1. 技术方法：在实现气象业务活动目标过程中，基于大气科学和相关学科的科学原理和技术手段将观测数据制作成天气预报及相关产品的方法、流程与技巧的总称。表达技术方法类成果的指标要素有：优化业务工具、提高工作效率、改进产品质量等。

2. 仪器装备：气象业务、科研、服务和管理专用的设备、仪表、元器件等。表达仪器装备的指标要素有：准确性、稳定性、量程、分辨率、可靠性、环境适应性、安全性、可维护性等。

3. 业务系统：在气象业务各环节或作业过程中，由计算机及辅助设备和应用软件构成的人工智能集合体。表达业务系统的指标要素有：数据利用、参数设置、过程推导、唯一性、确定性等。

4. 客观化：指成果在业务应用时，其结果和过程屏蔽人为干扰的程度。表达客观化的要素指标有：过程客观，结果客观。

5. 定量化：量化表现气象科技成果的应用结果。表达定量化的要素指标有：指标参数、状态描述、计算结果。

6. 精细化：成果应用的结果及其过程的精（准）与细（密）的程度。表达精细化的要素指标有：数据处理、过程描述、计算结果（时空分辨率、精确度）。

7. 技术效率：从技术的角度反映成果应用前后的效率之比，如业务成本降低、工作效率提高等。表达技术效率的指标要素有：资源占用、时间耗费、人员投入。

8. 辐射范围：指成果在业务应用中的推广范围，以及在相关领域中的延伸状况。表达辐射范围的指标要素有：应用领域、扩散成度（点－线－面）、应用强度（数量/频次）。

9. 指导作用：指成果在应用过程中对优化业务工具、改善业务运行和促进技术发展的积极作用。表达指导作用的指标要素有：引领作用、示范作用、参考作用。

10. 精确化：指成果应用结果表现出的产品精度或准确度。表达精确化的指标要素有：定位精确、取值精确（精度高或误差小）。

11. 智能化：指成果应用的结果表示自动化和人工智能的程度。表达智能化的指标要素有：自动化、智能化。

12. 标准化：指成果应用的结果与相关技术标准的衔接程度。表达标准化的指标要素有：技术标准、业务标准。

13. 实用化：指成果应用后满足业务操作的表现，如平均无故障时间延长、平均故障修复时间减少。表达实用化的要素指标有：稳定可靠、适应环境、易维护。

14. 工作效率:指成果应用后使成果使用者在实现规定业务目标的过程中,工作强度降低,工作时间减少的程度。表达工作效率的指标要素有:工作量减少、工时减少。

15. 覆盖范围:指成果在实际业务的使用范围以及在国内外市场占有份额。表达覆盖范围的指标要素有:业务布局占有率、国内外市场份额。

16. 用户评价:指用户应用成果后的评价。表达用户评价的指标要素:性能、功能、操作、维护。

17. 获得项目持续支持:指成果应用之后又获得项目持续支持。表达获得项目持续支持的指标要素有:项目数、级别、资金额度。

18. 推进相关技术升级:指成果应用后促进相关技术进一步优化升级。表达推进相关技术升级的指标要素有:技术水平。

19. 带动相关产品开发:指成果应用后带动相关仪器装备的研发。表达带动相关产品开发的指标要素有:产品种类、质量。

20. 集约化:指应用该成果可将开展业务活动所需的各种数据、信息和技术方法的集成最大化和配置最优化。表达集约化的要素指标有:数据整合、方法集成、功能设置、支撑环境。

21. 规范化:指成果的应用将数据信息、技术行为、业务流程和服务产品,按照一致性原则,组织架构。表达规范化的要素指标有:结构设计、技术行为、业务流程、输出产品。

22. 提高业务能力:指成果应用后使得业务能力提升。表达提高业务能力的指标要素有:业务能力、填补空白、提高工效等。

23. 提高工作效率:指成果应用后使得工作效率提升。表达提高工作效率的要素指标有:缩短工时、增加业务量、降低运行成本等。

24. 加强支撑作用:指成果应用后对气象业务支撑能力的影响。表达加强支撑作用的指标要素有:填补技术空白、强化技术手段等。

25. 获得项目支持:指成果应用后获得项目持续支持。表达获得项目支持的指标要素有:项目数、资金额度等。

26. 推进技术升级:指成果应用后促进相关技术优化升级。表达推进技术升级的指标要素有:技术辐射范围、强度等。

27. 带动产品开发:指成果应用后带动相关仪器装备和业务产品的研发。表达带动产品开发的指标要素有:技术拓展的领域、行业、专业、产品等。

第四节　指标体系构建的原则与方法

1. 构建的原则

（1）目的性原则：围绕气象科技成果的应用对气象业务及其相关领域的作用、影响、效果为目标，设计后效评价指标。

（2）简约化原则：鉴于气象科技成果的类型、品种、规模、用途等方面的复杂性和差异性，易出现指标重复交叉的现象，采取指标分层，成果分类的方式，以浓缩、概括、简化的指标描述成果后效的状态。

（3）易操作原则：指标体系是为评价作业所用，因而要设置有依据、易量化、可操作的评价指标。

2. 构建的方法

气象科技成果后效评价指标的构建采用档案分析、文献调研、专家座谈与咨询、实地考察、词频统计、专家咨询法、层次分析法等途径和技术方法，从原始科研档案、专家学者的学术活动中筛选出可代表成果特征、使用频繁广泛的词语为评价指标要素；经专家咨询、研讨论证，凝练出既抽象概括、又形象表述评价对象特征的指标名词。如设计气象仪器装备类成果后效指标时，考察了当前气象仪器装备成果的现状及发展趋势，发现气象仪器装备的研发成果多是计算机控制的智能化操作与运行，由此而设计了"智能化"指标。

第五节　评价指标体系的总体架构与说明

1. 指标体系总体架构

气象科技成果后效评价指标的架构遵循了分类、分层的设计原则，集成了评价对象中不同类型气象科技成果的共性和个性特征，从效果－效益－溢出 3 个维度，反映气象应用技术成果的应用后的实际状况。

气象科技成果后效评价指标针对气象科技成果中应用技术类成果的后效设计。在气象科技成果分类评价中，应用技术类成果分为业务工具类成果，其中包括：气象技术方法、气象仪器装备和气象业务系统。后效评价指标体系的总体架构如表15-1。

表 15-1　气象应用技术类（业务工具类）成果后效评价指标体系框架

一级指标 ＼ 二级 ＼ 类别	技术方法	仪器装备	业务系统
应用效果	1. 客观化 2. 定量化 3. 精细化	1. 智能化 2. 标准化 3. 实用化	1. 自动化 2. 集约化 3. 规范化
服务效益	1. 优化或创造工具 2. 提高工作效率 3. 改进产品质量	1. 工作效率 2. 覆盖范围 3. 用户评价	1. 提升综合能力 2. 提高工作效率 3. 加强支撑作用
溢出效应	1. 拓展技术研发领域 2. 获得项目持续支持 3. 催生相关技术方法	1. 获得项目持续支持 2. 推进技术优化升级 3. 带动相关产品开发	1. 带动相关系统开发 2. 获得后续项目支持 3. 拓展相关服务领域

2. 评价指标体系的说明

气象科技成果后效评价指标体系的设计是针对气象科技成果中业务工具类成果的评价。指标体系的架构为三纵三横层状结构，"横"为成果类别，包括技术方法、仪器装备、业务系统；"纵"为 3 类成果共用的一级指标：应用效果、服务效益、溢出效应；在一级指标下面是根据不同类别成果的特征设计了二级指标，二级指标下面为三级指标，或称评价点（表中未给出）。

"应用效果"指标是指该成果在实际应用过程中，所表现出来的结果。"服务效益"是指研究成果在转化应用后，使受益方（成果使用者或其产品享用者）获得了支持和帮助。"溢出效应"是指该成果在实际应用过程中产生超出预期的附带结果，用以表现气象科技成果对相关技术和业务活动的作用反应，以及预期之外的收获。

评价指标体系的二级指标依据不同类别气象科技成果所产生的不同效果而分别设置，每个类别成果（气象技术方法、气象仪器装备和气象业务系统）各有 9 个指标，总共 27 个，分别体现不同类别成果的应用效果。每个二级指标下，设置三级指标（或称评价点），分别体现不同效果的特征；三级指标的指标个数不等。

应用效果指标在技术方法类成果的评价选用"客观化""定量化"和"精细化"三个指标来体现技术方法成果的应用效果。"客观化"是指该成果应用于业务后，在过程和结果上实现消除人为干扰或影响的程度和状态。评价的内容包括数据利用、参数设置、推导过程、唯一性、确定性。"定量化"是指该成果应用于业务后，以数量和数值形式来表现过程和结果的程度和状态。评价的内容包括指标参数、状态描述、计算结果等。"精细化"是指该成果应用于业务时，运行过程和结果的精（准）与细（微）程度与状态。评价内容包括：数据处理、过程描述、计算结果（时空分辨率、精确度）等。仪器装备类的评价选用"智能化""标准化"和"实用化"3 个指标体现成果的应用效果。

"智能化"是指成果体现出气象仪器装备的非人工操作。下层的三级指标或评价点包括:可靠性、平均无故障时间、数据采集与不间断工作时间。"标准化"是指仪器装备的各项技术指标符合相关的技术标准的状况,尤其是探测的数据符合国际、国家标准、真实可靠。三级指标或评价点包括:探测精度、最大最小误差等。"实用化"指成果应用后的业务运行稳定、适应业务环境以及故障维修简单容易。三级指标或评价点包括:平均无故障时间、平均故障修复时间、维修维护简单方便等。业务系统类成果的评价指标选用"自动化""集约化"和"规范化"3个二级指标体现气象业务成果的应用效果。"自动化"是指依赖人为方式开展业务的行为和活动减少或降低。评价点包括:安装操作、信息处理、分析判断、检测维护等。"集约化"是指应用该成果可将业务活动所需的各种数据、信息和技术方法集成最大化和配置最优化。评价点包括:数据整合、方法集成、功能设置、支撑环境等。"规范化"是指成果的应用可按照一致性原则,组织管理数据信息、技术行为、业务流程和服务产品。评价点包括:结构设计、技术行为、业务流程、输出产品等。

"服务效益"(或称技术效益)指标是指气象业务工具类成果为气象业务人员提供适宜的技术工具,从而提高预报时效、预报准确率和工作效率等。选用"优化业务工具""提高工作效率"和"提高产品质量"3个二级指标以反映不同类型成果的服务效益。其中,技术方法类成果的二级指标有"优化或创造工具""提高工作效率"和"改进产品质量"3个三级指标。"优化或创造工具"是指成果应用以后,改进了原有的业务技术方法。评价点:修补技术缺陷,增强了技术能力等。"提高工作效率"是指成果应用后,提高业务工作的效率,即在工作量增加、工作难度增加、工作要求提高的情况下,运行成本(人工、工时、资源利用)不增或降低。评价点包括:扩大产品的品种和数量、提高资源利用率和劳动生产率等。"改进产品质量"是指该成果应用后,提高和改进了服务产品的质量。评价点包括:服务产品的品种增加、质量提高,多方面满足社会和公众的需求。仪器装备类成果的二级指标选用"工作效率"、"覆盖范围"和"用户评价"3个二级指标表现。工作效率是指成果应用后,为气象业务运行提供技术支撑的程度。覆盖范围是指成果在气象业务应用的成果推广率、技术占有率、产品的市场份额等。用户评价是指产品用户对成果使用过程中的稳定性、操作性、维护性、性价比等方面的满意程度。业务系统类成果的二级指标选用"提升综合能力"、"提高工作效率"和"加强支撑作用"3个指标。提升综合能力是指成果应用后使得业务能力提升,能够完成以往不能做或做不好的业务工作。评价点包括:填补技术空白、强化技术手段、开发新技术产品。提高工作效率是指成果应用后,可提高业务工作的效率,降低业务运行成本(人工、工时、资源利用)。评价点包括:业务量增长、缩短工时、运行成本降低等。

加强支撑作用是指成果应用以后支撑气象业务的能力有所加强,使业务运行更加顺畅。评价点包括:修补技术漏洞、优化技术工具、增强技术手段等。

"溢出效应"指标是项目成果应用之后总是会出现研究目标之外的"收益",如前人发明、创造的成果给后人带来持续支持、奠定后继者的研究基础、启发技术思路、开辟研究方向、拓宽发展领域等,这是科学研究的发展规律所体现出的现象和事实。为此,气象科技成果后效评价指标体系设置"溢出效应"指标以反映这种现象,并采用"获得项目持续支持""拓展技术研发领域"和"催生相关技术方法"3 个指标具体细化。评价的内容包括:技术辐射范围、强度;技术领域拓展的领域、行业、专业、产品;持续支持的项目数、资金额度等。

"溢出效应"指标是项目成果应用之后总是会出现研究目标之外"收益",如前人发明、创造的成果给后人开辟新的研究方向,启发新的技术思路、拓宽新的研究领域等,这是科学研究的规律和科技成果应用所体现出的事实和现象。

为此,在气象科技成果后效指标体系的设计和架构中,设置"溢出效应"指标,以"拓展技术研发领域"、"获得项目持续支持"和"催生相关技术方法"3 个二级指标,细化表示技术方法类成果的溢出现象;以"获得项目持续支持"、"推进技术优化升级"和"带动相关产品开发"3 个二级指标,细化表示气象仪器装备类成果的溢出现象;以"带动相关系统开发""获得项目持续支持"和"拓展相关服务领域"3 个二级指标,细化业务系统类成果的溢出现象。

"拓展技术研发领域""推进技术优化升级"和"带动相关系统开发"3 个二级指标是依成果类别的不同,表述有别,意思大致相同,即该项目成果的应用不仅解决了本领域或本专业的技术难题,而且促使相关领域或相关取得技术进步。评价点包括:技术辐射范围、强度,技术优化的程度,水平;系统开发的领域、层次、规模等。

"催生相关技术方法""带动相关产品开发"和"拓展相关服务领域"3 个二级指标也是依成果类别的不同,表述有别,意思大致相同,即该项目成果的应用不仅解决了本领域或本专业的技术难题,而且促使相关领域或相关专业取得进步。评价点包括:新的技术方法、新的设备、元器件、产品种类。

"获得项目持续支持"为 3 个二级指标的共用指标,该指标是指项目结题后,为使项目成果达到预期的前景,从而再提供一定的科研条件,以完善、或熟化,或孵化、或推广项目成果。评价点包括:项目、资金、人员和设备等。

在气象科技成果后效指标体系的架构过程中,选取评价指标容易与前期科技评价中的指标雷同或重复,如先进性、成熟性等,为避免或减少这种现象,且在实际操作中可行,本指标体系反映的重点确定在成果应用的结果、作用和影响方面,并在此基础上,分别依据成果的类型确定可以体现评价重点的二级指标。

第十六章　技术/仪器/系统类成果后效评价指标体系

　　在气象科技项目中,应用技术类项目研发活动往往直接针对业务工作中亟需解决的关键技术问题,一般具有较强的目的性,这类项目产生的成果,在类别上称之为业务工具类成果,包括技术方法类成果、仪器装备类成果和业务系统类成果。

　　前一章介绍的气象科技成果后效评价指标体系是一个针对业务工具类成果的组合式评价指标体系模块,在实际评价活动中可针对具体的评价对象,分别进行评价。

第一节　气象技术方法类成果后效评价指标体系

　　气象技术方法类成果主要是指在实现气象业务活动目标过程中,基于对大气科学基本理论的理解和认识,解释和预测大气变化方法、技巧和流程的总称,其所涵盖的范围包括预报预测、综合观测、监测预警、风险评价、影响评价等。

　　1. 指标体系

　　气象技术方法类成果后效评价指标体系见表 16-1。

表 16-1　气象技术方法类成果后效评价指标体系

一级指标	二级指标	定义及评价点
应用效果	客观化	定义:指该成果应用于业务的过程及结果避免人为干扰的程度。 评价点:程序客观(例如,数据利用、参数设置、过程推导)、结果客观(例如,唯一性、确定性)。
	定量化	定义:指该成果应用于业务的过程及结果以数量、数值形式的表现。 评价点:指标参数、状态描述、计算结果(例如,时空分辨率、精确度)。
	精细化	定义:指该成果应用于业务的过程与结果的精(准)与细(微)程度。 评价点:数据处理、过程描述、计算结果。

续表

一级指标	二级指标	定义及评价点
服务效益	技术效率	定义：指该成果应用于业务之后工作成本的降低、工作效率的提高。 评价点：资源占用、时间耗费、人员投入。
	辐射范围	定义：指该成果在业务中的应用覆盖程度，以及在相关领域中的延伸状况。 评价点：应用领域、扩散范围、使用强度。
	指导作用	定义：指该成果优化业务工具、改善业务运行和促进技术发展发挥的积极作用。 评价点：引领作用、示范作用、参考作用。
溢出效应	拓展技术研发领域	定义：略。 评价点：拓展领域范围（例如，跨学科、跨专业）。
	获得项目持续支持	定义：略。 评价点：后续项目级别。
	催生相关技术方法	定义：略。 评价点：新技术方法的水平、应用价值。

2. 指标的权重

评价指标体系中各项指标的权重值是量化评价结果的关键。确定指标权重的方法较多，常用的分析计算方法有专家评定法、层次分析法、秩和运算法。

表 16-1 中各一级指标和二级指标都对应着一个最高分值，同级指标的最高分值之和为 100 分。表中各指标之间最高分值的比较可视为权重分配的问题，通过权重计算确定分值。

通过对专家咨询意见进行整理、分析和计算，一级指标权重为 $W_i(i=1, 2, 3)$，二级指标权重为 $W_{ij}(i, j=1, 2, 3)$。各一级指标的最高分值为 $X_i=100W_i$，二级指标的最高分值为 $\Delta x_{ij}=100W_i \times W_{ij}$。

3. 评分规则与标准

设计评分规则和标准是成果后效评价计分的依据。气象技术方法类成果后效评价指标的量化规则与标准是建立在后效评价指标的评价点上（表 16-2），根据指标不同的行为表现，结合成果的典型特征，设定了不同指标的评价等级。指标量化的规则与标准见表 16-2。

表 16-2　　气象技术方法类成果后效评价指标的量化规则与标准表

一级指标	二级指标	评价等级(k_{ij})				
		A 1.0	B 0.8	C 0.6	D 0.4	E 0.2
应用效果 X_1	客观化 Δx_{11}					
	定量化 Δx_{12}					
	精细化 Δx_{13}					
服务效益 X_2	技术效率 Δx_{21}					
	辐射范围 Δx_{22}					
	指导作用 Δx_{23}					
溢出效应 X_3	拓展技术研发领域 Δx_{31}					
	获得项目持续支持 Δx_{32}					
	催生相关技术方法 Δx_{33}					

后效评价指标的综合得分为：

$$X = \sum\nolimits_{i=1}^{3} \sum\nolimits_{j=1}^{3} \Delta x_{ij} \times k_{ij}$$

综合得分的最高分值为 100 分，即

$$X = X_1 + X_2 + X_3 = \sum\nolimits_{i=1}^{3} \sum\nolimits_{j=1}^{3} \Delta x_{ij} = 100$$

在进行具体的评分操作时，首先参考评价点确定各二级指标所处的评价等级，然后结合相应的二级指标的分值权重确定该二级指标的得分，最后所有指标的得分累计求和得出综合评分。

第二节　仪器装备类成果后效评价指标体系

气象仪器装备是气象科技研发活动中的器物型成果，在各种科技计划项目中一直是重要的研发目标。

1. 指标体系

仪器装备类成果的后效评价应主要体现在气象业务的应用上，即评价的重点在成果实际应用对业务活动所产生的效果、作用和影响方面。仪器装备类成果后效评价指标体系见表 16-3。

由于气象仪器装备类成果的应用技术性强，工程样机向业务实用产品的转化是一个长期过程，需要经过试验测试、业务考核、试运行等过渡阶段后，才能正式投入业务运行，故后效评价的时间点设置为成果应用后 3 年。

表 16-3　仪器装备类成果后效评价指标体系

一级指标	二级指标	评价点
应用效果 X_1(0.62)	实用性 X_{11}(0.50)	准确性、稳定性、量程、分辨率、可靠性、环境适应性、安全性、可维护性等功能规格需求书中规定指标
	业务适用性 X_{12}(0.50)	自动化程度、质量控制、运行监控,业务过程中观测数据实际可用情况,观测产品质量和业务适用性
服务效益 X_2(0.28)	业务贡献 X_{21}(0.48)	业务能力(为气象预报和服务提供技术支撑);业务质量(成果应用后业务质量改进效果);业务水平(与原有业务水平比,与同期先进国家业务水平比)
	运行效率 X_{22}(0.22)	工作量、人力、工时、运行维护成本
	覆盖范围 X_{23}(0.10)	业务布局占有率、国内外市场占有份额
	用户评价 X_{24}(0.20)	稳定性、功能性、操作性、维护性、性价比
扩展效应 X_3(0.10)	获得项目支持 X_{31}(0.25)	项目数、级别、资金额度
	推进技术升级 X_{32}(0.25)	技术水平
	带动产品开发 X_{33}(0.25)	产品种类、质量
	形成标准规范 X_{34}(0.25)	水平、数量

2. 指标体系的架构过程与方法

气象仪器装备类成果后效评价指标体系的构建经过 4 个主要步骤:

(1)形成指标:开展文献调查、收集处理历史数据资料,分析评价对象特征,提炼评价指标;

(2)确定指标:指标效度分析设计专家调查问卷,就指标的有效性征询相关专家意见,依据效度分析结果,最终确定评价指标;

(3)确定指标权重:采用层次分析(AHP)方法确定指标权重,设计 AHP 专家调查问卷,请相关领域的专家就指标的重要性进行两两比较,确定权重,指标最终的权重是所有专家确定权重的算术平均值;

(4)确定评分标准:设置详实的评分标准,将每项评价指标设为几个等级,降低专家打分的主观性。

气象仪器装备类成果后效评价指标体系的构建采用了多目标决策的方法,根据问题的性质和要达到的总目标,将问题分解为不同的组成因素,并按照因素间的相互关系、影响以及隶属关系,将因素按不同层次聚集组合,形成一个多层次的分析结构模型。在 3 个共用的下细分出 10 个具有气象仪器装备特点的二级指标,形成气象仪器装备类成果后效评价的一级指标集 $X = \{X_1, X_2, X_3\}$,二级指标集分别为 $X_1 = \{X_{11}, X_{12}\}$,$X_2 = \{X_{21}, X_{22}, X_{23}, X_{24}\}$,$X_3 = \{X_{31}, X_{32}, X_{33}, X_{34}\}$,并建立指标层次结构模型,见图 16-1。

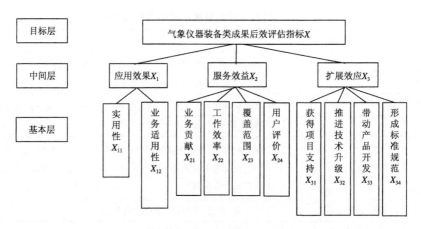

图 16-1　气象仪器装备类成果后效评估指标体系

3. 指标权重的设置

按照图 16-1 建立的层次结构模型,设计 AHP 专家调查问卷,并回收 9 份有效问卷,采用 1～9 标度表建立评价指标体系各层指标判断矩阵,用 MATLAB 计算,依次对每份问卷结果转化的判断矩阵求解最大特征根与权向量(即权重),并进行一致性检验。例如其中 1 位专家问卷结果得到的一级指标 $X_i(i=1,2,3)$ 的判断矩阵及计算的权重值如表 16-4 所示。其他 8 个判断矩阵不一一列举,计算得到的权重分别为 $(0.57,0.33,0.10),(0.64,0.26,0.10),(0.64,0.27,0.09),(0.70,0.21,0.09),(0.66,0.26,0.08),(0.60,0.30,0.10),(0.57,0.29,0.14),(0.60,0.30,0.10)$,则一级指标 $X_i(i=1,2,3)$ 最终的权重为 $W=(0.62,0.28,0.10)$。

表 16-4　一级指标判断矩阵及权重

一级指标	X_1	X_2	X_3	权重 W	一致性检验
应用效果 X_1	1	2	5	0.58	$\lambda_{\max}=3.0037$
服务效益 X_2	1/2	1	3	0.31	$C_I=0.0018$
溢出效应 X_3	1/5	1/3	1	0.11	$C_R=C_I/R_I=0.0032<0.1$ 通过检验

同理,经过计算,二级指标的权重,依次为 $W_1=(0.50,0.50);W_2=(0.48,0.22,0.10,0.20);W_3=(0.25,0.25,0.25,0.25)$。

4. 评分的标准与评分

专家对气象仪器装备类成果进行评分需要依据统一的标准。本节定义的评分集为 $V=\{5\ 4\ 3\ 2\ 1\}$,以"业务适用性"指标为例,对应的评分标准等级如表 16-5 所示,在对同类仪器装备成果进行评价时,将参考表 16-5 量化设置评分标准,并对照成果的使用记录、运行监控和业务评价报告等评价依据进行打分。

表 16-5 "业务适用性"指标评分标准

指标等级分数段	评分标准
5	满足业务全部需求：实现业务完全自动化、数据可用性高、产品质量好
4	较好满足业务需求：较好实现业务自动化、数据可用性较高、产品质量较好
3	基本满足业务需求：基本实现业务自动化、数据基本可业务使用，产品质量一般
2	未满足业务需求：部分业务实现自动化、数据可用性不高、产品质量较差
1	不可用：无法实现自动化、数据不可用、产品质量差

评价体系得分量化过程如公式(16-1)、(16-2)所示。

气象仪器装备科技成果评分 R_i 计算公式：

$$R_i = \sum_{i=1}^{10}(W_i \times T_i) \tag{16-1}$$

其中，W_i 为一、二级指标的组合权重，T_i 为成果各指标的平均得分。

T_i 的计算公式：

$$T_i = \sum_{k=1}^{5}\left(\frac{m_k \times 1_{ik}}{L}\right) \tag{16-2}$$

其中，m_k 为指标等级分数，按好、较好、中、较差、差依次为 5、4、3、2、1 分，l_{ik} 为第 i 个指标中属第 k 个分数等级的人数，L 为参评专家总人数。

5. 模拟评估的结果

为验证气象仪器装备类成果后效评价指标体系的合理性和可操作性，通过模拟评价的方式，对部分应用 3 年后气象仪器装备类成果进行评价。模拟评价由专家打分、分值计算及结果分析三个部分组成。具体如下：(1)聘请 5 名学科领域专家，根据上章构建的指标体系及测评点，结合评价材料对该科技成果进行打分，分值经过处理形成数据列表。(2)依据专家打分得到的数据列表，再依据公式(16-2)可获得成果各指标的平均得分 T_i＝[8.8 8 8.4 6.8 8 7.2 9.2 6.4 8 6.4]；然后将 T_i 代入公式(16-1)，得到该装备的平均分值为 8.13 分。(3)根据评分等级可知此平均分值达到良好等级，证明此成果达到预期效果。由于模拟方法具有一定的局限性，因此本次模拟结果在一定程度上可表明本研究构建的指标体系具有实际意义上的可操作性。

第三节　业务系统类成果后效评价指标体系

近年来，气象科技的研发项目紧紧盯住利用计算机技术整合和集成气象业务技术的内容目标，许多项目成果体现为各种规模的气象业务系统，如，基于人机交互处理平台 MICAPS 系统、综合气象观测系统、实时气象信息系统、气候变化产品库和信息平台等。目前，各种气象业务系统已覆盖了监测、预警、预报、服务、评估、数据库、信息管理、图文演示、数据传输、数据分析、模型计算、设备检定等各业务领域和业务环节。据不完全的统计,仅 2007—2011 年 60 个公益性行业专项中就有近四分之三的项目是气象业务系统(业务软件)的建设项目,气象业务系统已成为气象科技成果的主要表现形式之一。在气象科技成果后效评价指标体系中,专门列出"业务系统"为成果后效评价对象。

1. 评价对象与评价内容

气象业务系统是现代信息处理、电子通讯传输、计算机、自动控制等技术与气象科学高度融合和集成的人工智能化成果,其主要表现形式为应用软件,也称系统、平台等。

后效评估指标体系的评价对象是在气象领域中应用 1～3 年的各类气象业务系统应用软件。

后效评估指标的评价内容包括:结构设计、技术行为、业务流程、输出产品、安装操作、信息处理、分析判断、检测维护、数据处理、方法集成、功能设置、支撑环境、工作效率等。

2. 评价指标的形成过程

(1)采用统计分析的方法,从各业务系统的个性特点提炼升华到业务系统的共性特征,确定不同分支领域、功能各异的业务系统各自特性和共同评价点。

(2)采用专家评价的方式,对若干有代表性业务系统的几十个重要评价点进行对比、筛选,确定最有意义的评价要素和评价指标。

(3)应用层次分析法确定评价指标的权重。

(4)采用专家评价法和层次分析法确定评价指标体系量化模型。

3. 评价指标体系的结构

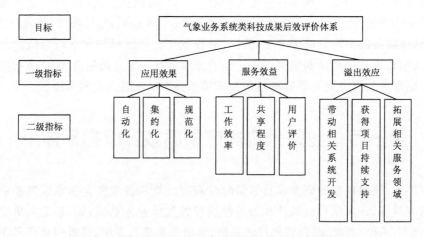

图 16-2　业务系统类成果后效评价指标体系框图

气象业务系统类成果后效评价体系以 3 类成果评价统一的一级指标为总目标,依次分解总目标,确定符合应用软件类成果特点的二级和三级指标,形成评价的指标体系体系,见图 16-2。

第十七章　气候变化专项绩效
评价指标体系

　　科研绩效评价是指运用科学、规范的标准、方法和程序,对科学研究工作者的业绩、效率和实际效果等方面的评价。绩效的评价必然涉及科学研究的结果,科研绩效的评价也属于科技成果评价的一部分。多年来,科学、客观、公正地评价科研项目的绩效一直是科研管理领域亟待解决的问题。

　　科研绩效评价的意义体现在两个方面,一是科技管理者可依据绩效评价客观数据和指标显示,了解科技活动的成本和价值,优化科技资源的配置,制定科技管理政策,从而提高科技管理水平;二是科研工作者可以通过公正、合理的绩效评价,以及评价结果的横向比较,知道自己的劳动成本、效益和价值,从而审视自身的价值,修正自身的科研行为。

　　本章针对气候变化专项中的研究类项目,探讨定量评价科研绩效的评价问题。

第一节　设计思路与指标体系

　　1. 气候变化专项研究类项目绩效评价指标体系的设计思路是依据经济学的投入产出原理,在项目执行情况、投入和产出、效果表现 3 个维度上构成一个可反映科研绩效的评价体系,其中代表性评价指标是有效性、经济性、效益性。气候变化专项研究类项目绩效评价是通过项目投入与成果产出之比反映出科研绩效的状况,以绩效大和小、效率高和低、效益优和差反映科研绩效的水平。

　　2. 评价指标体系的架构为三层(见表 17-1),第一层是绩效评价的核心评价点和评价的路径,含有效性、经济性和效益性 3 个一级指标;3 个一级指标涵盖了气候变化专项的项目执行、成本效率和效果表现 3 个方面。指标体系的第 2 层和第 3 层指标是绩效评价的细化和切入点。二级指标有 8 个,分别为:研究内容、研究目标、投入产出效率、经费资助效率、科研劳动效率、研究效益、业务效益、服务效益。三级指标有 14 个,分别为任务完成率、目标实现率、总投入与总产出的比值、总投入与论文产出的比值、经费投入与总产出的比值、经费投入与论文的比值、总劳务量与总产出的比值、总劳务量与论文的比值、实现科学积累、培养研究力量、加强业务基础、提高业务能力、学术影响和决策话语权。

表 17-1　气候变化专项绩效评价指标体系

一级指标	二级指标	三级指标
A：有效性（10分）	A$_1$：研究内容（6分）	任务完成率（%）
	A$_2$：研究目标（4分）	目标实现率（%）
B：经济性（50分）	B$_1$：投入产出效率（20分）	B$_{11}$：总产出 Y/（经费投入 M_1＋智力投入 M_2）（10分）
		B$_{12}$：(2)论文 Y_1/（经费投入 M_1＋智力投入 M_2）（10分）
	B$_2$：经费资助效率（15分）	B$_{21}$：总产出 Y/经费投入 M_1（7.5分）
		B$_{22}$：论文 Y_1/经费投入 M_1（7.5分）
	B$_3$：科研劳动效率（15分）	B$_{31}$：总产出 Y/总劳务量（7.5分）
		B$_{32}$：论文 Y_1/总劳务量（7.5分）
C：效益性（40分）	C$_1$：研究效益（20分）	C$_{11}$：实现学科积累论文 Y_1＋著作 Y_2＋研究报告 Y_5（20分）
		C$_{12}$：培养研究力量博＋硕人数（0分）
	C$_2$：业务效益（10分）	C$_{21}$：加强业务基础数据库 Y_6＋数据集 Y_7＋图集 Y_8＋专利 Y_{11}＋标准 Y_{12}＋业务规范 Y_{13}＋业务流程 Y_{14}＋技术手册 Y_{15}＋业务指南 Y_{16}（5分）
		C$_{22}$：提高业务能力应用软件 Y_9＋业务平台 Y_{10}（5分）
	C$_3$：服务效益（10分）	C$_{31}$：影响力评估报告 Y_{17}（5分）
		C$_{32}$：话语权决策服务材料 Y_{18}＋决策服务产品 Y_{19}＋决策咨询报告 Y_{20}（5分）

第二节　主要指标释义、指标权重与计算方法

1. 主要指标释义

有效性指标。有效性指标由研究内容和目标实现 2 个二级指标体现；评分的依据由项目验收材料中对这两项内容的描述和验收的意见确定；取值范围在 0～6；以百分率表示。

经济性指标。经济性指标是绩效评价的核心指标，内含投入产出效率、经费效率、科研效率 3 个重要指标，也是重要的评价参数；这 3 个评价参数是依据样本中的数据计算而来的客观数据。

经济性指标是从"经济"、"合理"，"值与不值"的角度，对项目自身（或称内部）"绩"的衡量。经济性指标通过投入产出效率来体现，其中包括投入与产出比、经费资助效率、科研劳动效率 3 个二级指标体现。其中，投入与产出比由项目的投入和产出

之比确定,取值为对项目的所有投入和项目的产出之和的比值;经费资助效率由项目经费/产出的比值确定,取值依据项目经费与论文和成果总产出的比值。科研劳动效率由科研劳务量与论文和总成果产出的比值确定。

效益性指标。效益性指标是绩效评价次重要指标,由研究效益、业务效益、服务效益 3 个二级指标构成;效益性指标是从成果功能和作用的角度,对项目的效果(或称外部效果)的衡量。研究效益指标的取值依据学术型成果的数量所反映的学术积累程度和人才培养情况;业务效益指标的取值依据工具型成果的作用分为加强业务基础和提高业务能力两个评价点,取值依据工具型成果的数量。服务效益指标的取值依据评估报告、决策服务材料的服务层次(国家、区域、省)决定其影响力和话语权。

2. 指标权重

指标体系的指标权重的设置采用专家咨询法,即设计 AHP 专家调查问卷,发放给 24 位专家;依据 1~9 标度表建立评价指标体系各层指标判断矩阵,用 MATLAB 计算,依次对每份问卷结果转化的判断矩阵求解最大特征根与权向量(即权重)。经计算得到一级指标的权重(有效性 0.11,经济性 0.51,效益性 0.39),为计算简便小数点第 2 位四舍五入取整数。

3. 绩效评价的算法

气候变化专项研究类项目绩效评价的总分为 100 分,绩效＝$A+B+C$,其中

$$A = \sum_{i=1}^{2} A_i$$

$$B = \sum_{i=1}^{3} B_i = \sum_{i=1}^{3} \sum_{j=1}^{2} B_{ij}$$

$$C = \sum_{i=1}^{3} C_i = \sum_{i=1}^{3} \sum_{j=1}^{2} C_{ij}$$

A 为"有效性"指标,B 为"经济性"指标,C 为"效益性"指标。

第三节　指标体系的检验

气候变化专项研究类项目绩效评价指标体系构建之后,又分别进行了指标体系恰当性和指标有效性的检验,以保证各指标间的一致性、指标体系的齐备性和指标之间的重叠。

评价指标体系是利用效度内容效度比进行检测。

内容效度比的计算公式为:

$$CVR = \frac{n_e - n/2}{n/2}$$

其中,n 为参加调查的专家总数,n_e 是其中认为指标体系适当的专家数。这个公式表示,认为指标体系适当的专家不到半数,CVR 是负值。全部专家都认为指标内容不适当,$CVR=-1$。认为指标适合和不合适的专家数对半,$CVR=0$。而参加调查的全部专家都认为指标项目内容很好时,$CVR=1$。

根据回收 24 位专家的数据统计,指标体系的内容效度比为:

$$CVR=\frac{n_e-n/2}{n/2}=\frac{24-24/2}{24/2}=1.0$$

检测结果表明,在评价指标的内容上,气候变化专项研究类项目绩效评价指标体系是效度较高的指标体系。

评价指标的效度系数检测也是依据 24 位专家对指标的有效性的评判计算而得。评价指标的效度计算公式为:

$$\beta=\frac{\sum_{i=1}^{k}\beta_i}{k}$$

该系数绝对值越小,表明各专家对指标效度的认识越趋向一致,指标体系的有效性就越高,反之,则有效性越低。指标效度评分的最大值是 5(李科特量表值)。如果专家都认为某项指标的评价是恰当的,那么该指标的效度平均评分必须大于 3.0,否则该指标是一个效度较低的指标。

表 17-2、表 17-3 列出一、二级指标的平均效度评分和效度系数。表中数据显示,一、二级指标的效度平均评分均大于 3,说明指标有效。

表 17-2　一级指标的平均效度评分和效度系数

指标名称	平均效度评分	效度系数 β_i
有效性	4.63	0.10
经济性	4.543	0.09
效益性	3.92	0.12
一级指标的平均效度	$\beta=\sum_{i=1}^{6}\beta_i/6=0.11$	

表 17-3　二级指标的平均评分和效度系数

所属的一级指标	二级指标名称	平均效度评分	效度系数
有效性	研究内容	4.54	0.11
	研究目标	4.30	0.10
经济性	投入产出效率	4.08	0.12
	经费资助效率	4.17	0.12
	科研劳动效率	4.67	0.09
效益性	研究效益	3.80	0.15
	业务效益	3.80	0.16
	服务效益	4.10	0.14

　　气候变化专项科研绩效评价指标体系利用 2005—2013 年气候变化专项的投入产出数据,对这一时段的科研绩效进行了试验性评价。评价试验的过程和结果证明,采用此指标评价体系评价气候变化专项研究类项目的科研绩效,得到的结果科学、合理、可信。

案 例 篇

2008—2014年，中国气象局气象干部培训学院接受中国气象局职能部门的委托，开展了气象科技项目成果应用效益评估、公益性行业（气象）专项项目进展（中期）的评估、防雷气象标准使用情况和应用效果的评估，以及气候变化专项研究类项目的绩效评价。

以上4次评价活动均以主观和客观指标相结合的评价指标体系，用量化评判的方法取得评估的结果。这4次评估活动的评价对象和评价目标不一样，评价数据获取和处理的方式不一样，评价过程所采用的方法也不同，但最后的评价结果都得到委托者的认同和好评。尤其是，气候变化专项科研绩效评价试验采用"成果计量"的方法，将2005—2013年气候变化专项的项目投入和产出数据进行同化处理，通过投入产出模型计算气候变化专项研究类项目的科研绩效结果，标志着气候变化专项科研绩效的评价基本上脱离了主观评价的方式，实现科研绩效的量化评价。

上述4个案例是气象科技成果评价方法的探索，从技术角度上看，4个案例的技术思路、技术路线和技术动作比较简单、粗糙，但评价的过程和结果表明，利用综合指标量化方法对气象科技成果进行评价，方法可行，过程客观，结果可信，尤其是气候变化专项科研绩效评价试验表明，在一定的环境和条件下，以投入产出为核心指标的评价模型可以取代目前的主观评价方法。

案例一　气象科技项目成果应用效益评估

2008 年,中国气象局科技发展司委托中国气象局培训中心科技项目评估小组,对 2000—2005 年立项的 4 大类 51 个气象科技项目成果的应用效益进行试验性评估。

此次评估是气象科技管理部门应用指标评价的方法定量衡量科技项目成果应用效益的初次尝试。

评估小组通过层次分析法构建定量和定性相结合的综合评价指标,利用专家咨询法确定指标权重,采用经验增减的评分方法,开展了气象科技项目成果的应用效益评价。评价的结果又经实地抽样考察的验证,验证的结果与指标评价的结论基本一致。

1. 项目分析

参评项目分属四种类型的科技计划项目,即奥运科技攻关专项、农业科技成果转化资金项目、科技部基础性工作专项和科技部社会公益研究专项项目。

奥运科技攻关专项的研发目标是研发新的技术方法或将原技术方法进行的改进或升级;农业科技成果转化资金项目的目标是将成熟的成果的转化应用或进行适当技术改造后推广转化;科技部基础性工作专项的目标是支撑科技活动的硬件建设;科技部社会公益研究专项的目标是研发新的技术方法和新的气象仪器装备。

由项目分析可知,这四类科技计划项目在研究目标、研究方向、研究内容、技术路线等方面存在着诸多的不同,项目的成果会有多种的表现形式,应用转化后也会有不同的效益表现。

2. 评价指标体系的设计思路

气象科技项目成果应用效益评估的目的是衡量气象科技项目成果应用所产生的效益。所谓效益,就是人们在有目的的实践活动中"所费"与"所得"的对比关系。气象事业是社会的公益性事业,气象科技项目所产生的效益有不同的内容。一般来说,气象服务所产生的效益是隐性的、间接的,且融合在多种结果的综合效益中,不易单独量化,但可以定性表述。

从直接的角度看,气象科技项目成果的应用会产生科研效益、技术效益、业务效益、服务效益等。从间接的角度看,气象科技项目成果的应用会产生社会效益、经济效益、军事效益、生态效益等。

此外,由于气象科技项目成果类型的多样性,评价气象科技项目的应用效益还是要具体考量被评价成果应用到的领域所产生的作用和影响。

气象科技项目成果应用效益评价指标体系的设计思路体现了成果状态—成果应用—体现效益的事实逻辑，即项目的成果转化应用到气象业务中，参与气象事业诸项活动或进入气象业务平台的运行而产生的作用和影响。

评估指标体系采用三层指标结构。设置一级指标3个，二级指标8个，三级指标30个。以分解总目标的方法，通过相互关联的指标构成体现成果外在形式、内在价值、推广应用和产生效果的评估路径。

3. 评估指标体系与评分标准

气象科技项目应用效益评价指标是从项目提交的评估材料中提取可体现成果应用的相关指标要素（表现形式、使用价值、应用状态和应用效果），经筛选、凝练后成评价指标；再通过多目标决策的方法，根据问题的性质和要达到的总目标，将问题分解为不同的组成因素，并按照各因素间的相互关系和隶属关系，将因素按不同层次聚集组合，形成了定量和定性相结合的综合性评价指标体系。应用效益评估指标体系与评分标准见"评估指标体系及评分标准表"。

评估指标体系及评分标准表

一级指标	二级指标	三级指标	评分标准
成果表现（15分）	知识产权	专利、标准、软件著作权、论文、著作	发明专利或国标3分，实用新型等类专利、软件著作权和行标（地标）2分，经省级以上业务主管部门批准的管理规定与制度2分。
	业务工具	业务系统、模型、服务产品、技术方法、技术规范、业务判据、作业标准	按鉴定书中的成果件数确定得分：7件8分，6～4件5分，3～1件3分。
	积累知识	专著、论文、图集、被采纳的决策建议、技术培训	专著/图集/决策建议/1分/项，论文0.3分/篇，组织技术培训活动1次1分。
推广价值（15分）	适用领域	行业外、行业内、部门内	跨3个以上行业5分，行业内4分（农业推广项目属行业内）。
	使用价值	服务效果增值、服务能力提升、提供借鉴参考	依据鉴定或验收材料：扩大服务效果5分，提高业务能力4分，提供业务参考3分。
	成果转化	转化成功、正在转化、尚未转化	依据鉴定或验收材料中的专家评价：好5分，较好4分，其他3分。
应用状态（30分）	业务化	实现业务运行	依据国家/省级主管业务部门批准：业务运行许可5分，通过业务化评审3分。
	准业务运行	进入业务运行测试	在业务中实际应用两年以上20分，半年以上15分，业务试验10分。
	成果共享	输出到其他部门	跨行业或跨部门5分，气象部门内跨省或跨地区3分，本单位2分。

续表

一级指标	二级指标	三级指标	评分标准
应用效果 （40分）	考核/合同指标	超额完成、达标、未达标	依据鉴定（验收）意见：达标8分，超额10分。
	承担单位支持力度	有支持、无支持	依据实际经费支出：匹配资金（或人力、设备折合）5分，无匹配3分。
	支撑作用/技术效果	填补技术空白、促进业务发展、不明确	填补空白/国际先进10分，促进业务/国内先进8分，未注明按6分处理。
	社会/经济效益	效益显著、效益明显、效益不突出	依据用户证明：好15分，较好10分，无用户证明按0分处理。

指标体系内的指标权重通过专家评议法确定。首先根据指标在评估要素中的作用和重要程度，以及指标与评估目标和内容的关系程度，编制评价指标初定权重的调查问卷，发放给一定数量的专家，再收回专家的答卷，经多次反复后，经计算取指标的平均权重。

4. 评分规则

评估分数是在征询专家建议的基础上，利用经验增减法确定。在处理的规则上，对定性指标的评分处理，采取指标名词含义表述转化成数字顺序的量化方法，如，定性评语"优秀、良好、一般、较差"，就用"4，3，2，1"的数字；再如，指标"应用效益"中的"共享程度"就是依据评估资料中表述：跨行业、行业、部门、省级应用转换成定量数据4，3，2，1的顺序处理。

定量指标的评分处理采用成果鉴定（验收）意见、应用证明、项目合同书等原始材料的净值（实际数字）。依据实际数量与之相应的分数段评分。

5. 作业流程

由于气象科技项目应用效益的评估属于一种新的评价方式，以往的科技成果管理未曾经历过，故规定了较为详细的流程：

1）编写《气象科技成果效益情况调查问卷》；

2）收集、验收、阅读每份评估材料，确定评估点、关键内容；

3）编制《气象科技成果应用效益评估指标》，经工作小组多次讨论、反复修改，专家咨询后定稿；

4）设计评估作业单、数据汇总表、评分标准、评分规则；

5）撰写评估指标设计思路和指标解释；

6）工作组成员按照作业单格式要求，将每个项目评估材料中所要评估的信息提取出来，分别填写到作业单；

7）工作组成员分成二组，互相检验数据；根据评估指标和评估规则给每个项目逐项评分；

　　8)分析评估数据，形成初步评估结果；

　　9)检验评估数据，验证评估结果；

　　10)选择不同分数段的评价项目，开展针对性的实地调研；

　　11)收集、分析调研资料；开展调研结果和指标评价结果的对比分析；撰写调研报告；

　　12)提供以数据为依据的评估报告和以事实为依据的调研报告。

　　6. 数据采集

　　评估的原始数据是从 51 个项目的材料：科研项目申报书、科研项目审批书、科研项目任务书、项目中期评估材料、代表性论文、专利证书、成果查新报告、项目研究（或技术）报告、成果鉴定（或相关部门的成果认定）报告和检测报告、成果应用领域及推广应用评价报告、成果应用单位的成果应用证明中采集的。

　　其次，将所采集的数据填入专门设计的"评估作业单"，以保证数据规格的一致和数据的标准化。

　　其后，检验、核对评估作业单中的数据，再利用 Microsft EXCEL 将原始评估数据编制成评估数据集。

　　7. 评估结论

　　参与评估的 51 个科技项目产生 889 件成果，其中 222 件成果可以产生各种效益的成果，并具有一定的推广价值，占成果总数的 25％。经统计，有 180 件成果在气象业务活动中有不同程度的应用（业务应用在半年以上）；项目成果产生的应用效益平均达到预期的 74.5％。

　　在 4 类项目中，奥运科技攻关项目成果的应用效果最好，成果形成后即刻应用到业务环节中，解决了奥运气象服务的关键技术问题。

　　农业科技成果转化资金项目成果的成熟度高，直接应用于农业生产，产生了农业产量增加，农业收入增收的效益。社会公益类项目的成果转化率为 36.4％，其中多数成果的应用效益（业务效益、服务效益）为表现"一般"，整体处于中等偏下水平。客观原因是部分成果处于业务试验阶段，尚未投入业务应用；其次是投入业务运行的成果运行的时间较短。基础性工作项目成果的应用效益表现一般，其中只有业务需求大、应用范围广、数据种类多、投资额高的成果评分较高。

　　8. 分析点评

　　气象科技项目成果应用效益的评估是气象部门首次采用评价指标的方法评价气象科技成果应用效益的尝试。评价指标的设计符合科技评价指标设计的一般原则：客观、合理、简单；指标选词准确，言简意赅，突出了评估的重点；指标权重表示出关键指标的重要程度；根据不同科技项目和不同成果载体的特点，建立的评分规则和评分方法简单、易操作。但评分的过程主观性较强，权重设置还缺乏合理性。

案例二　公益性行业(气象)专项项目进展(中期)的评估

　　2011 年,科技部公益性行业科研专项《气象科技项目/成果管理评估系统》项目组承担了科技部公益性行业(气象)专项项目进展的评估工作。评估的对象是 2007—2011 年立项的公益性行业(气象)专项,共 123 个项目;评估的重点是"总体执行情况""创新性成果"和"成果应用情况"。

　　此次评估属科技评价中的中期评估。

　　本次评估活动的特点表现为:

　　①评价对象大多为在研项目;

　　②评价的指标由科技司在评估前设定;

　　③评价数据来自现场评分专家的评价,评判的结果经定标和量化后进行统计分析;

　　④由于六组专家分别评价,各组专家评判的尺度不一致,导致评分出现微弱系统误异,故在计算过程中对得分结果作一定程度的校正。

　　1. 评估样本和数据

　　评估样本为中国气象局科技司聘请的 58 位专家对 123 个项目现场评议的评分表,共 58 份。

　　每份评分表的"总体执行情况""是否取得创新性成果"2 项指标,由专家分别做出 A、B、C、D 四个等级的单选评判;"成果应用情况"指标,选填 Y 或 N。

　　专家在评分表上实际填写评判符号 3468 个,其中,"总体执行情况"的评判符号 1147 个,"是否取得创新性成果"的评判符号 1069 个,"成果应用情况"的评判符号 1252 个。

　　2. 数据处理与校正

　　1)分数的确定

　　由于专家的评价是 A、B、C、D 四个等级的定性结果,故选 0～100 的分数尺度,对专家定性评判进行量化处理。将 0～100 的分数四等分,得 A 即表明认可度达 100 分(满分),得 D 则表明否认该项目,设分值为 0 分(不得分)。

　　对 Y 或 N 的专家评价结果是 Y 为 100 分,N 为 0 分。

　　2)依据公式取平均

$$\overline{x} = \sum_{i=1}^{4} x_i \frac{m_i}{n} = \sum_{i=1}^{4} x_i f_n(x_i) \tag{1}$$

单个项目实际得分为 4 等不同得分程度的事件 x_i 与其出现频率 $f_n(x_i)$ 的乘积的求和。其中，n（$0 \leqslant n \leqslant 10$）为单个项目的总评判数，$m_i$ 为出现事件 x_i 的次数即第 i 项在该项目中评判数。

其中，专家未按 A、B、C、D 的要求打分，而给出 A＋或 B－时，此项指标相临等级各计 0.5 票；专家对某一指标或等级未给出评价时，视为放弃，有 N 位专家没有给出评价，记为 N－。

3）分数校正

由于专家在项目评价时分在 6 个不同的专业组，由此产生了各组专家对项目评判尺度的把握出现严紧不一致的情况。考虑到评判尺度的把握不一致的差异对项目得分可能会有一定的影响，故对得分结果又做了一定程度的校正。

校正的目的是使各组的评分在整体上的分数分布不变的情况下，尽可能地缩小由于各组评价尺度的差异造成的得分差距的影响，且结果有利于组间进行比较。

校正过程是：先求各专业组平均得分，依据公式（1），其中 n（$0 \leqslant n \leqslant 348$）为该组项目的总投票数，$m_i$ 为出现事件 x_i 的次数即 i 项在该组中投票数。再求项目总体平均得分，依据公式（1），其中 n（$0 \leqslant n \leqslant 1148$）为该组项目的总投票数，$m_i$ 为出现事件 x_i 的次数即 i 项在该组中投票数。最后校正结果为均差，即 123 个项目总体平均分与单组项目平均分之差，单个项目得分为其实际得分与其所在组校正结果 Δx 之差。

4）通过一定方法的校正，使 $\overline{x}$ 更接近离散随机变量 X 的数学期望 $E(X)$

5）校正的计算及结果（见各组专家评分结果的校正表）

各组专家评分结果的校正表

执行情况	1 天气组	2 气候组	3 农气组	4 资料同化组	5 综合观测	6 服务组	总项目
项目个数	17	21	12	21	36	16	123
m_A	104	114	54	93.5	131.5	53.5	550.5
m_B	48	71	55	86	181	53	494
m_C	5	4	9	29.5	33.5	14.5	95.5
m_D	5	0	0	1	2	0	8
n	162	189	118	210	348	121	1148
$f_n(x_A)$	64.2%	60.3%	45.8%	44.5%	37.8%	44.2%	48.0%
$f_n(x_B)$	29.6%	37.6%	46.6%	41.0%	52.0%	43.8%	43.0%
$f_n(x_C)$	3.1%	2.1%	7.6%	14.0%	9.6%	12.0%	8.3%
$f_n(x_D)$	3.1%	0.0%	0.0%	0.5%	0.6%	0.0%	0.7%
$\overline{x}$	84.98	86.07	79.38	76.51	75.67	77.41	79.41
校正 Δx	5.566	6.654	−0.035	−2.906	−3.743	−2.003	

3. 指标权重

评价指标由科技司提供,未考虑指标权重的问题,故在评价作业过程中,视三项指标同等重要,属于平均权重。

4. 统计结果

1)专家评价中 A、B、C、D 单选的分布

评价专家对"总体执行情况"指标的评判总数为 1147,其中,A 550.5,B 493,C 95.5,D 8。A 和 B 的单选数占了总数的 91%。数据显示,专家对 123 个项目总体执行情况的满意度较高。

评价专家对"创新性指标"的评判总数为 1069,其中,"肯定"的单选数为 779,占总数的 73%;"否定"的单选数为 290,占总数的 27%。数据显示,专家对项目"创新性"的认可度也是比较高。

评价专家对"成果应用情况"指标的评判总数为 1252,其中,A 为 171,B 为 530,C 为 356,D 为 24;B 和 C 占总数的 71%。数据显示,专家对成果应用情况的认可度为中等偏上。

2)123 个项目"优、良、中、差"评价的分布

为了实现 123 个项目的综合比较,本次评估制定了"优""良""中""差"的定性评价等级,及定性评价等级所对应的分数,即 85 分以上为优,84~70 分为良,69~60 分为中,60 分以下为差。

数据显示,在 123 个项目 3 项指标评价判中,评"优"的项目数有 28 个,占项目总数的比例为 23%;评"良"的项目数为 66 个,占项目总数的比例为 54%;中和差的项目数为 29 个,占项目总数 23%。

5. 评估结论

评价结果显示:123 个公益性行业(气象)专项在"总体执行情况"指标的考量中,表现良好;在"创新性"的指标考量中,表现中等偏上;在"成果应用情况"的指标考量中,表现项目为中等偏下。

三项指标的综合评价结果显示,在参评的 123 个项目中,评为"良"的项目占项目总数的半数以上,评为"优",及"中"和"差"的项目各占项目总数的四分之一。在项目中期评估或进展评估的背景下,这个结果可以让专家和管理者接受。

评估过程发现的问题有:①个别面临结题的项目在执行进度上滞后;②在研的项目要关注项目成果与业务应用的衔接。

6. 分析点评

公益性行业(气象)专项项目进展(中期)的评估属专家主观评议;评估的指标采用委托单位定制的评估指标;评价数据是专家的主观评判。由于各组专家对项目评分的宽严掌握不一,导致由于评价尺度不一致出现一定的误差。

针对以上情况,在评价数据的处理上,①选 0~100 的分数尺度,对专家对各项目

的定性评判进行量化处理。②针对各组专家握评价尺度不一的情况差,制定了评价分数校正方案,以减弱由于各组评价尺度的差异对项目评分的影响。

案例三　防雷气象标准使用情况和应用效果的评估

2011 年，受中国气象局法规司的委托，中国气象局气象干部培训学院开展了防雷气象标准使用情况和应用效果的评估。

评估对象是涉及气象部门、气象行业和社会管理的气象防雷标准，共有 17 项。评估的目标是执行气象防雷标准的效果。评估的内容为气象部门相关人员对防雷类标准的认知、使用以及执行防雷类气象标准所产生的社会效益、经济效益等情况。

1. 评估的思路

技术标准是在科技成果普遍应用基础上进一步凝练的技术成果，而标准应用效果的判断和认定只能依靠市场的反映或使用者的体验。

因此，评估气象雷电防护标准应用效果的基本思路是利用指标评价方法，将雷电防护标准使用者的实践体验（主观）转化成量化（客观）表达。

评价指标的设计原则遵循标准使用者对防雷气象标准的认知—使用—效果的事实逻辑，并在评判尺度上设置高、中、低、无的四级效能等级，以评估对象达到的目标程度表示应用的效果。

2. 评价的目标与内容

评价的具体内容包括：17 项气象防雷标准的定义、指标、参数是否构成本领域最佳工作秩序的基础；标准所规定的技术规则是否可主导适用范围内的技术活动、引领本领域的技术发展、满足当前的业务需求、成为业务技术的支撑、保证相关业务工作的质量；可在多大程度上减少重复性行为、提高工作效率/节约时间、节约各类资源（人、财、力）、降低雷电灾害的影响和风险等内容。

3. 指标的设计

评估指标体系的构建采用了专家评议法。指标体系架构分为两层，第一层设置 3 个一级指标，即认知情况、使用情况、效果表现；二级指标共 9 个，分别为：认知来源、认知程度和业务关联度；技术内容、适用性和使用频率；社会效益、经济效益和社会管理作用。

4. 指标解释及评分规则

1）使用频率：指标准在实际工作中的使用频数。分为 3 种情况，即"常用"为经常反复使用，"曾用"为曾经使用过，由于某些原因而使用频率不高；未用指该项标准从未执行过。

评分规则:使用频率为"常用"5分,使用频率为"曾用"3分,使用频率为"未用"0分。

2)技术作用:指标准内容中的指标/参数/技术规则/方法/流程等对规范和推动业务工作的作用程度;分为"显著""明显""一般""无"四种情况。

评分规则:技术作用为"显著"5分,;技术作用为"明显"3分,技术作用为"一般"1分,技术作用为"无"0分。

3)"社会效益"指执行标准对社会在防灾减灾、降低灾害风险、共享成果方面的受益程度;分为"显著""明显""一般""无"4种情况。

评分规则:社会效益为"显著"5分,社会效益为"明显"3分,社会效益为"一般"1分,社会效益为"无"0分。

4)"经济效益"指执行标准对节约资源,提高效率、降低成本,减少损失方面的获益程度。分为"显著""明显""一般""无"四种情况。

评分规则:经济效益为"显著"5分,经济效益为"明显"3分,经济效益为"一般"1分,经济效益为"无"0分。

5. 资料的获取

评估的资料获取采取定向发放调查表的抽样调查方式。调查表的发放范围是各省气象局气象标准管理部门(31个)、省防雷中心(29个)和地市级气象局防雷业务单位(365个)。参与调查的人数共1559人,占从事防雷工作人员总数的约5%左右。

本次调查共收到调查表1559份,其中管理人员的问卷375份,技术人员的问卷1184份。经对样本检验后,确认可作为评估样本的调查表1548份。

6. 结果与分析

1)关于防雷气象标准认知情况

标准使用者对标准的掌握程度关系到标准在实际业务中的操作行为,为此,评估指标体系中设置了"认知情况"一级指标,从防雷气象标准与防雷业务的关联程度上,掌握相关人员获知标准的途径,以及对防雷气象标准的熟悉程度。

数据显示,86%的防雷气象标准的使用者认为气象防雷标准与自己业务相关,14%的人员认为与自己业务相关无关;认知标准的途径主要是自学(50%),其次为受训(36%),再者为文件或会议传达(13%)。

在被调查人员中,了解17项气象防雷标准的人员占56%;掌握17项气象防雷标准的人的占37%。80%以上的技术人员认为,17个标准中的13个标准和业务有关,72%以上的技术人员认为17项标准都与现行业务有关,两组数据都体现出制定17项气象防雷标准时,较为准确地把握了防雷业务的需求。

2)关于防雷气象标准使用情况

使用频率是体现标准是否被重复使用的重要指标,它与标准的使用范围有关,也与标准是否有效有关。

在评估指标中,设置了"使用频率"和"适用性"2 个一级指标,以掌握防雷气象标准的使用情况。

使用频率反映了标准的使用状态和程度。在"使用频率"指标下面设置"常用""偶尔""未用"二级指标,以表示使用的情况。

适用性是体现标准在实际工作中是否可用、好用的重要指标。适用性指标下设"技术内容"和"技术要求"两项二级指标;其中"技术内容"指标用"全面""比较全面"和"明显缺失"表示;"技术要求"指标用"合理""比较合理"和"不合理"表示。

数据显示,经常使用这 17 项标准的人员占参加调查人员的 42%,偶尔使用这些标准的人占 48%,10% 的人从不使用这些标准。

数据分析,标准的等级高,标准使用频率就高,如,国家标准的使用频率高于行业标准;再有,标准的使用频率与防雷工程与防雷装置的数量多少有关,防雷工程与防雷装置越多,相关的设计、施工、检测、技术评价活动就多,使用频率就高。

数据显示,认为标准的"技术内容"和"技术要求""比较全面"的人员占被调查人数的 41%,"比较合理"占被调查人数的 48%。其中,使用频率最高的国家标准也有半数以上的人认为该项标准只是"比较全面"和"比较合理"。

数据分析,17 项标准的文本中都有一些技术内容和技术要求已不适应实际业务的需求,有修订的空间或协调的必要。

7. 防雷气象标准的应用效果

在防雷气象标准应用效果的指标评价体系中,设置了"社会效益"和"经济效益"和"社会管理作用"3 个一级指标。

"经济效益"指标是从技术人员的角度评价执行防雷标准产生的经济效益,以及执行防雷气象标准减少或避免雷电灾害给社会、单位和人员造成的损失。

"社会效益"指标也是从技术人员的角度评价 17 项防雷气象标准是否有利于强化防雷社会管理职能、建立气象防雷活动的技术秩序。

"社会管理作用"则从管理人员的角度来评价 17 项防雷气象标准在强化防雷社会管理职能中发挥的作用。

"社会效益"和"经济效益"和"社会管理作用"3 个一级指标都有"显著""一般"和"无"3 个选项,表示防雷技术人员和管理人员对防雷气象标准应用效果的评价。

数据显示:40% 的防雷气象标准使用者认为,防雷气象标准可以产生显著的经济效益和社会效益;50% 的防雷气象标准使用者认为,防雷气象标准所产生的经济效益和社会效益不明显;10% 的防雷气象标准使用者认为,防雷气象标准未产生经济效益和社会效益。

数据分析,防雷气象标准所产生社会效益和经济效益属于中等一般水平;其中,气象行业的防雷气象标准基本不会产生经济效益。在预防雷电灾害方面,国家标准的应用效果明显高于气象行业标准。

8. 评估结论

综合以上指标评价的结果,在 17 项防雷气象标准应用效果中,在社会管理中,有 2 项气象防雷体现出显著的社会效益和经济效益;有 5 项气象防雷标准的经济效益一般;10 项标准的社会效益较好;气象行业的气象防雷标准基本无经济效益和社会效益。

9. 分析点评

雷电防护气象标准应用效果的评价属主观评价。评价的基础是标准应用者在雷电防御工作中执行防雷气象标准的实际体验。

本次评价活动有两个特点,一是数据的采集方法针对性强。在气象防雷标准使用人员的配合下,采集的数据数量足、质量好,数据与评价指标的匹配度高,无需再作数据的加工。二是基于标准应用者的标准使用体验来确定被评标准的应用效果和价值的评价思路正确。

从技术角度看,指标要素的筛选精细,指标体系的架构简洁,主要评价点的选择准确。但评价指标未设置权重,指标体系中各项指标之间的差异无法体现。

案例四　气候变化专项研究类
项目的绩效评价

一、评价背景

科研项目绩效评价属科技评价中的一个重要内容,由于绩效评价必然涉及到研究的成果,故绩效评价也属科技成果评价的范畴。

近年来,科学技术领域非常重视科研项目绩效的评价,科研单位、管理部门和科技工作者个人出于各种考虑十分关心如何评价科研项目的绩效及评价的结果。开展科研项目的绩效评价既有外力推动,也有内力的作用。外力的推动是:以科研绩效评价的结果证明政府行为的合理性或者说资源分配的有效性;内力的作用是,项目执行单位可通过绩效评价的结果,了解科研活动效率,掌握科研活动的规律,以便获得更多资助或有利的政策。总之,科研项目绩效评价既可为管理层提供决策依据;同时也有利于提高科研活动的效率。

气候变化专项绩效评估试验是 2014 年气候变化专项《气候变化专项绩效评估指标的研究》项目任务之一。开展气候变化专项绩效评估试验的目的是:①验证气候变化专项绩效评估指标体系的适用性;②验证投入产出方法评价科研绩效的可行性;③验证投入产出模型计算科研绩效结果的可靠性。

二、评价对象的分析与分类

气候变化专项绩效评估试验的评价对象是气候变化专项中的研究类项目。气候变化专项是中国气象局专门支持气候变化研究和气候变化业务的科研计划专项。重点支持的研究内容为气候变化领域的科学研究、业务建设、决策咨询、国际动态跟踪分析等技术支撑活动。

气候变化专项的项目类别分为:专题研究类(机理研究、应对对策)、气候业务建设类(业务平台建设、业务基础建设)和决策咨询类(气候变化评估、气候决策服务)。

三、评估样本、样本分类与数据订正

绩效评价试验的样本是 2005—2013 年 153 个气候变化专项的立项申请材料和结题验收材料。

153份评估样本依据项目的类别分为：专题研究类、业务建设类、决策咨询类三类。

由于153份样本中，有关研究内容的表述和数据表格的填报存在着不规范、不准确和遗漏的现象，如，职称名称不规范、劳务量数据不真实等，在绩效评价试验的资料预处理时，按照统一的数据规格给予订正。

四、样本中抽取的统计要素

为取得体现气候变化专项（研究类项目）绩效评估指标含义的相关数据，试验性评估的数据统计分别选取了气候变化专项研究类项目投入和产出两类统计要素。见表1。

表1　投入产出统计要素

投入	产出			
	知识类成果	业务建设类成果	决策咨询类成果	人才培养
M_1：经费投入	Y_1：论文	Y_6：数据库	Y_{17}：评估报告	Y_{21}：团队建设
M_2：智力投入	Y_2：论著	Y_7：数据集	Y_{18}：决策服务材料	Y_{22}：博士
	Y_3：技术报告	Y_8：图集	Y_{19}：决策服务产品	Y_{23}：硕士
	Y_4：分析报告	Y_9：应用软件	Y_{20}：决策咨询报告	
	Y_5：研究报告	Y_{10}：业务平台		
		Y_{11}：专利		
		Y_{12}：标准		
		Y_{13}：业务规范		
		Y_{14}：业务流程		
		Y_{15}：技术手册		
		Y_{16}：业务指南		

投入的要素包括：

(1)经费投入，包括下拨经费和自筹经费；

(2)智力投入，包括各类研究人员的投入。

产出的要素包括：

(1)各种表现形式的项目成果；

(2)项目培养的博士、硕士；

(3)团队建设。

五、评价数据的统计与处理

1. 经费投入的统计

在评估样本中，经费投入的数据填报真实可信，可直接采集。

2. 智力投入的统计

在评估样本中,智力投入的数据有参加项目的人员、职称和劳务量;为便于比较,对相关数据作如下的处理。

(1)人员职称的统计与折算

以"正研""副研""助研""辅助"4 种职称称谓,统计参加项目的人员。样本中的不同称谓,均对照以上 4 种称谓统计。按照《职称折算表》中的折算系数,将 4 类职称折算成"副研",使职称数据的计算单位同一化。

鉴于气候变化专项的研究人员多为兼职,依据国内通用的专/兼职人员研究时间比 4:1,将折算后的"副研"人数,折合成全时研究人员数,实现数据计算单位的同一化。

(2)劳务量的统计

以国内外通用的"全时副研"(9.6 月/年)劳务量为基准,将"副研"人数转换成算成标准劳务量。

(3)智力投入成本

智力投入成本是每个"全时副研"的"工资/年"和"公用经费/年"之和。"工资/年"参照事业单位同类职称的工资水平设置;"年公用经费"参考 2011—2013 年《气象统计年鉴》3 年的平均数设置。

3. 成果产出统计

从在 153 个评估样本中,统计项目的智力投入、经费投入、设备投入和项目产出各种静态数据。利用 Microsoft Excel 工作表,编制《气候变化专项研究类项目投入产出评估数据集》(2005—2014 年)。成果产出的统计规则是:

(1)为保证统计口径的一致,仅以表 1 列出的产出要素分类统计,而成果表现形式内的差异不再细分。

(2)依据《项目成果折算系数表》中的折算系数,将不同表现形式的成果折算成论文,使 153 个项目 882 件折算成 835.2 篇论文;实现成果计量单位(篇)同一化,以便于"同类比较"。

六、评价科研绩效投入产出的数据与计算

1. 投入数据:总投入为 8479 万元,其中经费投入 3247 万元,智力投入 5232 万元;经费投入和智力投入的比值为 0.62:1;平均每个项目的经费投入成本:21.2 万元;平均每个项目的参加人数为 2.13 人(全时副研);平均每个项目的劳务量为 20.5 人月(全时副研);平均每个项目的智力投入成本为 34.2 万元;平均每个项目的研究成本(经费+智力)为 55.4 万元。

2. 产出数据:各种表现形式的成果共 882 件,其中,论文 549 篇、著作 5 部、分析报告 10 份、研究报告 46 份、评估报告 33 份、数据库 31 个、数据集 25 个、图集 19 本、

决策服务材料 100 份、应用软件 37 套、业务平台 11 个、标准（规范、技术手册）19 件；各类成果折算成论文为 835.2 篇；人才培养：博士 43 人、硕士 82 人（注：在本次试验评估中，人才培养的产出数据不计）。按成果的功能分类，知识类成果 607 件；业务建设类成果 142 件；决策服务类成果 133 件；3 种类型的成果分别在成果总数中占比 69％、16％和 15％；平均每个项目产出成果：5.76 件；平均每个项目产出论文（折算后）5.46 篇；平均每个项目产出论文（未折算）3.59 篇。

3. 投入产出比计算公式

总投入＝经费投入＋智力投入；

总产出＝各种表现形式的成果＝折算成"论文"。

投入产出比的计算公式为：

$$R = M/Y$$

其中 $M = M_1 + M_2$，M_1 为项目经费投入，$M_2 = NTX$，为项目智力投入，$N = \sum_{i=1}^{4} K_i N_i$ 为折算后的全职副研人员，T 为工作时间，X 为一个全职副研人员一年工资与办公经费之和，K_i 为职称折算系数（表 3.1），Y 为总产出，$Y = \sum_{i=1}^{23} C_i Y_i$，$C_i$ 为各产出成果折算成论文的折算系数。

4. 投入产出数据计算结果

依据气候变化专项研究类项目的投入产出数据，可分别得到一系列计算数据，如：总投入与论文数的比，总投入与成果总件数的比，总投入与折算成论文数的比，项目经费与论文数的比，项目经费与总成果件数的比，项目经费与成果折算成论文数的比，折算劳务量与论文的比，折算劳务量与成果总件数的比，折算劳务量与成果折算后论文的比等。

相关数据如下：

投入产出比＝（3247 万元＋5232 万元）/549（未折算论文）＝15.4 万元/篇；投入产出效率为：万元投入产生 0.065 篇论文；

投入产出比＝（3247 万元＋5232 万元）/882（总成果件数）＝9.6 万元/件；投入产出效率为：万元投入产生 0.1 件成果；

投入产出比＝（3247 万元＋ 5232 万元）/835.2（折算后论文数）＝10.2 万元/篇（折合）；投入产出效率为：万元投入产生 0.1 篇论文。

经费效率＝3247 万元/549（论文）＝5.91 万元/篇；经费投入效率为：万元经费投入产生 0.17 篇论文。

经费效率＝3247 万元/882（总成果件数）＝3.68 万元/件；经费投入效率为：万元经费投入产生 0.27 件成果。

经费效率＝3247 万元/835.2（折合论文数）＝3.89 万元；经费投入效率为：万元

经费投入产生 0.26 篇论文。

科研效率＝3139.2 人月/549(论文)＝5.7 人月/篇,即完成 1 篇论文耗费 1 位全时副研半年的劳务量;

科研效率＝3139.2 人月/882(件)＝3.6 人月/件,即完成 1 项科技成果耗费 1 位全时副研近半年的劳务量。

科研效率＝3139.2 人月/835.2(篇)＝3.8 人月/篇,即完成 1 项科技成果耗费 1 位全时副研近半年的劳务量。

七、投入产出数据分析

依据以上数据,153 个项目的总投入(经费投入＋智力投入)与总产出(各种表现形式成果折算成论文的数量)之比就是气候变化专项(研究类项目)的投入产出比值(见图 1)。

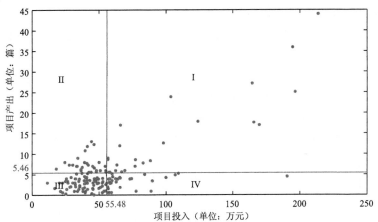

图 1　153 个气候变化专项研究类项目投入产出的分布

图 1 显示 153 个研究类项目每个项目投入和产出的比值。图内约 2/3 项目的投入产出比值都在 10：1 以下。

153 个研究类项目投入产出比值得均值为 55.48：5.46(或 10：1),即约投入 55.5 万元产生 5.5 篇论文(或产出 1 篇论文需要 10.1 万元的投入)。

基于投入产出的比值和均值,153 个气候变化专项研究类项目可划分出高投入高产出(Ⅰ)、低投入高产出(Ⅱ)、低投入低产出(Ⅲ)、高投入低产出(Ⅳ)四种类型。

在 153 个项目中,高投入高产出的Ⅰ型项目占比 15％;低投入高产出的Ⅱ型项目占比 18％;低投入低产出的Ⅲ型项目占比 47％;高投入低产出的Ⅳ型项目占比 20％。

从投入产出类型的比例上看,153 个项目中,有 28 个(18％)项目属低投入高产出的项目,可列为"最经济"或"最划算"项目;有 31 个(20％)项目属高投入低产出型的项目,可列为"不经济"或"不划算"项目;有 94 项目(各占比 15％和 47％)属高投入高产出和低投入低产出项目,属符合投入产出规律的"合理"项目。

八、主要指标的评分结果

1. 有效性指标

由于试验性评估假定 153 个项目均通过项目验收,故所有项目的任务 100％完成,目标 100％实现,故 153 个项目在该项指标的评分中均得满分 10 分。

2. 经济性指标

数据显示,153 个项目经济性指标的总分为 15.4 分,比设置分数(50 分)低 34.6 分;三个二级指标的各自得分都在设置分数(20 分、15 分、15 分)的 1/3 以下。投入产出效率指标的平均分数为 6.39 分,仅为设置分数(20 分)的 32％;经费资助效率指标平均分数 4.02 分,仅为设置分数(15 分)的 26.8％;科研劳动效率指标平均分数 4.99 分,仅为设置分数(15 分))的 33.3％。

从评分结果看,反映 153 个项目绩效"经济性"的指标得分未达到设置分数的中间值,处于中等偏下水平。

(1)投入产出效率

投入产出效率是项目总投入与项目总产出的比值,投入产出的比值大小可反映出投入产出的效率高低,投入产出比越高,投入产出效率就越低。

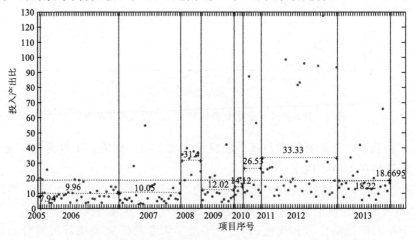

图 2　153 个气候变化专项研究类项目 2005—2013 年
各年度投入产出比分布散点图(万元/篇)

图 2 为 153 个项目 2005—2013 年每年投入产出比值的分布状况。由图可见,153 个项目投入产出比值的均值为 18.67:1;大部分项目的投入产出比都在均值线以下,约 4/5 项目的投入产出比在 3~15:1 的范围内。其中,2005—2007 年大多数

项目的投入产出比值多在 3～10：1 的范围内；高于投入产出均值线的年份有 2008 年、2011 年、2012 年。

（2）经费资助效率

经费资助效率是指项目总经费与项目总产出的比值。2005—2013 年 153 个研究类项目总项目资助经费额是 3247 万元，同期项目产生的论文为 835 篇（折合后），经费资助效率为万元经费产生平均论文 0.26 篇，或每篇论文产出需要经费投入 3.9 万元。

数据显示，2007 年的经费资助效率最高，2008 年的效率最低；经费资助效率由高至低的排列次序为 2007，2005，2006，2010，2009，2013，2011，2012，2008 年。有 2/3 的年份，资助效率的平均值低于 0.26 篇/万元。

在专题研究、业务建设和决策咨询 3 种类型的项目中，决策咨询类（A－2）的经费资助效率均值 0.43 篇/万元，在三类项目中，经费资助效率高一些，其次是业务建设类，经费资助的效率均值 0.311 篇/万元，专题研究类的经费资助效率最低，为 0.209 篇/万元。

以上的数据反映：

①资助经费效率与项目经费额度关系最大，在项目成果数量变化不大的情况下，项目经费额度增大，项目考核内容和要求不随之提高，经费资助效率就会降低。

②专题研究类项目的经费资助效率较低的原因之一是该类项目的成果数量少（占总成果的比重 10％）；在项目经费数量相差不大的情况下，经费资助效率就低。

（3）科研劳动效率

科研劳动效率是投入项目的总劳务量与项目总产出的比值。

153 个项目投入的总劳务量为 3139.2 人月（全时副研），与折合成论文的总产出 835 篇之比为 3.76：1，科研劳动效率均值为 0.26 篇/人月，或完成 1 篇论文需要 1 位全时工作的副研用 3.76 人月。

数据显示，2009 年的科研劳动效率最高，约 0.42 篇/人月；2008 年的科研劳动效率最低，约 0.08 篇/人月；平均值为 0.26 篇/人月。在 9 年的数据中，有 6 年的科研劳动效率低于平均值，说明气候变化专项的科研劳动效率总体不高。年度科研劳动效率由高至低的排列次序为 2009，2007，2006，2005，2013，2011，2010，2012，2008 年。

3. 效益性指标

效益性指标含 3 个二级指标，即研究效益、业务效益和服务效益。研究效益的构成是知识类项目产品的数量，其作用是知识的再生产；业务效益的构成是工具性产品的数量，其作用是提高业务能力；服务效益的构成是决策服务产品的数量，其作用是接受决策参考材料的层级和范围。

数据显示，153 个项目的效益性指标的总数为 9.0 分，得分不足设置分数的 1/4，效益性指标的表现不佳。其中，研究效益绩效得分最高（5.9 分），其次为业务效益

(1.8 分),服务效益(1.4 分)最低。

基于以上数据可见,153 个气候变化专项研究类项目的作用主要是知识性产品的生产,尽管项目产生了一些推动业务进步和决策服务的产品,但是与知识性产品相比,数量相差较大,故对业务和服务产生的效益不大。

九、153 个项目的整体绩效、分类绩效和年度绩效

1. 整体绩效

通过气候变化专项(研究类项目)绩效评估指标的衡量,153 个评估样本的绩效最高得分 84.1,最低得分 10 分,平均得分 34.5 分。

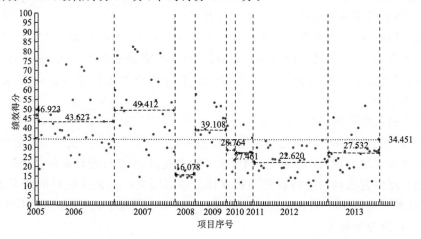

图 3　153 个气候变化专项研究类项目 2005—2013 年绩效计算值分布点状图

数据显示,2005—2013 年 153 个项目绩效得分的最大值、最小值、均值和历年均值。

基于数据可见,项目绩效分数的分布在 85～10 分的范围,最大和最小值的差距较大;大多数项目的绩效分数集中在 34.5 分的均值上下;超过均值的项目数为 64个,占总项目数的 42%;低于平均值的项目数为 89 个,占总项目数的 58%。

2. 分类绩效

数据显示,153 个项目中专题研究类、业务建设类和决策咨询类的绩效评分的差距不大;在 3 种类型项目中,决策咨询类项目绩效得分最高,为 37 分,且稍高于平均得分;其次是专题研究类项目绩效得分 34 分;业务建设类项目的绩效得分最低,为27 分;后两者的绩效得分均低于平均分。

基于以上数据可见,决策咨询类项目的项目数在 153 个项目中所占比重较大(47%),且研究内容涉及的领域也多,如气候变化的事实、影响、评估、应对对策等,因而项目产出的不同表现形式成果也多,如一项气候评估的项目,其产出的成果既有论

文、又有评估报告、数据集、图集,还有决策服务材料等,故决策咨询类项目绩效评分占比稍高。

3. 年度绩效

153 个项目绩效状况表现的时间序列涉及 2005—2013 年,在不考虑年度样本数量的情况下,可观察到各年度的绩效状况。

数据显示,2005—2013 年气候变化专项项目绩效评估分数的均值线为 34.5 分;其中,绩效得分高于均值有 4 个年份;低于均值的年份有 5 个。按照绩效评估的实际得分大小,依此排序为 2007,2005,2006,2009,2010,2013,2011,2012,2008 年。

基于以上数据可见,项目投入的力度随时间有了增长,而项目规定要完成的任务数量(从评估样本中考核的要求看)并未随着投入的增长而增加,这是影响年份绩效排序的主要原因。

十、评估结论与影响因素的分析

1. 评估结论

依据气候变化专项科研类项目绩效评估指标的判别和评分计算结果,绩效评估试验的结论如下:

153 个气候变化专项(研究类项目)绩效评估的得分在 10～85 分,评估分数的分布较为分散;最高得分和最低得分之间的差数较大;大多数项目的评分集中在 34.5 分的均值上下。

三个一级指标的评分结果显示,有效性指标取得 10 分满分,说明 153 个研究类项目的规定任务已完成,目标已实现,达到了预期。但经济性指标的得分普遍较低,比指标设置的分数低 34.6 分,其中投入产出效率、经费资助效率和科研劳动效率 3 个二级指标的得分仅为指标设置分数的 1/3 左右,都未达到均值;由此可见,项目绩效的经济性表现处在中等偏下的水平。效益性指标得分 9 分,比该项指标的设置分数低 31 分,且科研效益、业务效益和服务效益 3 项指标的得分仅为指标设置分数的 1/4—1/5。项目绩效的效益性表现处于次等偏上的水平。

整体绩效的评分结果显示,153 个项目中,近 60% 的项目绩效评分在平均绩效分数线以下。

分类绩效的评分结果显示,三类项目中只有决策咨询类项目绩效得分稍高于平均绩效分数。

年度绩效的评分结果显示,参加评估试验的 9 个年份中,只有 4 年的绩效得分高于均值。

以上数据表明,153 个研究类项目科研绩效的表现不佳,整体上处于次等偏上水平。

2. 影响绩效评分的主要因素

影响项目科研绩效评分的主要因素：

（1）项目产生的成果数量

应用投入产出的方法评价气候变化专项（研究类项目）的科研绩效，关键的因素在于项目产出成果的数量，在投入强度一定或项目规模（项目经费、消耗劳务量）相差不大的情形下，项目产生的成果多，投入与产出比值小，投入产出的效率就高，绩效评分就高。

（2）科技投入中的劳务量

从153个研究类项目的数据看，经费投入与智力投入的比值为0.6∶1，说明智力投入在项目总投入中的占比更大些，可反映出智力投入的强度对投入产出效率和科研劳动效率的影响比经费投入的影响更大。在成果产出数量相差不大、经费投入差距不大的情形下，智力投入的强度越大，投入产出的效率和科研劳动的效率越低。

（3）项目成果种类的多样化

153项研究类项目的评估数据反映出，项目成果的表现形式多样化，对经济性和效益性指标绩效得分的贡献是不一样的。成果计量方法不仅考虑项目产生的论文多少，还注重项目衍生出其他表现形式的成果。如在项目总投入和项目总产出相差不大的情况下，项目的成果中如果既有论文、又有数据集（库）、图集、模型与算法的应用软件、评估报告、决策服务材料等其他表现形式的成果，项目绩效的评分就高。

十一、点评分析

科研绩效评估是指运用科学、规范的评价方法，对一定时期内科学研究的投入、产出和效率、效益以及影响进行定量和定性的分析，依此对科研活动的绩效作出真实、客观、公正的综合性评判。

气候变化专项科研绩效评估试验首次应用了投入产出模型定量评估气候变化专项研究类项目的绩效。在评估数据的处理上，以合理的折算系数，规范地处理了气候变化专项研究类项目投入产出的参量（职称、劳务量、项目成果等），使之变为"同质化"的可比数据，再输入到投入产出模型中计算，通过数据表现气候变化专项研究类项目绩效的各种变量间的量化关系及因果关系，依此对其绩效状况作出客观评判。

从本次绩效评估试验的过程来看，试验数据处理规范，指标含义准确、评分方法可行，评估过程完整，评估的结果可量化表示评估对象的绩效状况，验证了气候变化专项（研究类项目）绩效评估指标的合理性和评分方法的可行性。此外，在试验的过程中还取得了气候变化专项研究类项目中有关资源配置、项目成果、科研成本、劳动效率等与绩效评估相关的重要数据，若再经深入细致的分析，亦可作为气象科学研究和气象科技管理的参考。

参考文献

[1] 贺德方. 对科技成果及科技成果转化若干基本概念的辨析与思考[J]. 中国软科学, 2011, 11: 1-7.

[2] 荆明新. 科技成果的概念与分类[J]. 河南科技, 1989(9): 7-8.

[3] 刘天立. 科技成果的概念与判定[J]. 管理现代化, 1984(6): 41-42.

[4] 邵强, 李友俊, 田庆旺. 综合评价指标体系构建方法[J]. 大庆石油学院学报, 2004, 28(3): 74-76.

[5] 何传启, 马诚. 科研单位科学活动的投入产出模型[J]. 科研管理, 2009, (1): 33-39.

附录:气象科技成果评价工具

在气象科技成果评价活动中，完整收集和规范处理可反映评价内容的数据和信息是实现气象科技成果评价结果客观、可信、可靠的基础。

收集和处理评价信息和数据工作的基本要求是数据量的规模和数据的规范。在实际评价活动中，往往会遇到无数据，或数据量不足，或有数据但数据不规范等情况。在无现成的评价数据时，需要设计可以获取数据的工具，如调查问卷、调查表等；在有了一定数量规模的评价数据时，要考虑如何将数据规范化的问题，如无量纲化等。

在一般情况下，评估人员都要根据评估的对象、目的和需要，自行设计一些符合评价要求的数据获取工具，以此来收集与评价内容相关的信息和资料。这些数据收集与处理的工具包括：调查问卷、调查表、评分标准、评分规则等，这些工具在获取评估数据、筛选与确定评价指标，设置指标权重，制定评分的标准和规则中，必不可少。

本书的附录选编了气象科技成果评价研究和实践中编制的部分评估作业工具，包括文字型的调查问卷，数字型的调查表，以及指标权重的调查问卷等。这些评价工具在获取评价数据和规范处理数据方面都发挥了重要的作用。

由于相关人员缺乏编制评估作业工具的技巧，致使有些数据调查工具的编制较为粗糙，仅作参考。

附录1　气象科技项目成果分类和后效评估指标要素调查问卷

本问卷为研究气象科技项目成果的类别细化和气象科技成果后效评价而设计。

本问卷分为两部分,一是气象科技项目成果类别细化,二是成果后效评估研究。

根据气象科技项目成果的特点,气象科技项目成果的类别初步分为科学认识、业务工具、管理咨询三大类,并分别列出一级、二级类目,以及类目名称的定义和相关解释说明。

本项课题是气象科技成果的后效评估,在气象科技成果中,研究选取了业务工具类成果作为后效评估的对象,分为技术方法、仪器装备和业务系统三类。后效评估的指标分别为应用效果、服务效益、溢出效应。

调查问卷分为 A、B 卷,A 卷为气象科技项目成果类别细化调查问卷,B 卷为筛选后效评估指标调查问卷。

调查问卷定向发给科研、业务和管理三个领域的专家征询意见,请专家对问卷内容中的定义、指标及解释说明,给出修改意见。

气象科技项目成果类别细化调查问卷(A)

1)成果分类的整体框架

一级类目	S 科学认识	T 业务工具	M 管理咨询
二级类目	S1 论文	T1 业务系统	M1 政策规划
	S2 专著	T2 仪器装备	M2 咨询(评估)报告
	S3 数据集	T3 技术方法	M3 调研报告
	S4 研究报告	T4 数据库	
		T5 标准规范	

2)一级类目的设置

请对气象科技项目成果分类一级类目的定义作修改完善,依据表格对一级类目用词的恰当性做出评价。

（1）科学认识：在科学试验或业务实践的基础上，依托一定的载体，对自然现象及其发生机理和内在规律的揭示。

（2）业务工具：系指开展气象业务工作时所依托的软硬件。

（3）管理咨询：解释、指导、规范、谋划、总结气象业务技术及管理行为的文件。

一级类目	非常恰当	恰当	一般	不太恰当	不恰当	请给出您的合理表述
S 科学认识						
T 业务工具						
M 管理咨询						
（请添加）						
（请添加）						

3）二级类目的设置

（1）请对描述"科学认识"的二级类目用词的恰当性进行评价

二级类目	非常恰当	恰当	一般	不太恰当	不恰当	请给出您的合理表述
S1 论文						
S2 专著						
S3 数据集						
S4 研究报告						
（请添加）						
（请添加）						

请对下表中类目的定义与范围进行修改完善（修订模式）

二级类目	定义与范围
S1 论文	定义：阐述科学思想、分析研究对象、记录科研过程和描述研究结果的单篇文章。 范围：期刊论文—有连续出版物刊号（ISSN）；会议论文——ISI—科技会议录索引（CPCI）收录
S2 专著	定义：对气象学科发展和业务运行中的科学、技术、管理等问题进行全面系统论述的著作。一般是对特定问题进行详细、系统考察或研究的结果。 范围：正式出版有书号（ISBN）的专著
S3 数据集	定义：在科学试验过程中获取的采样数据，编制的专题数据、模型参数或图文资料等的集合，经过试验、检验和归档，作为基础性研究成果可为其他科研、业务活动使用。 范围：图集、数据包
S4 研究报告	定义：专题研究科学技术问题，描述科学研究过程、进展和结果的文档。 范围：分析报告、评估报告、技术总结

续表

二级类目	定义与范围
（请添加）	
（请添加）	

（2）请对描述"业务工具"的二级类目用词的恰当性进行评价

二级类目	非常恰当	恰当	一般	不太恰当	不恰当	请给出您的合理表述
T1 业务系统						
T2 仪器装备						
T3 技术方法						
T4 数据库						
T5 标准规范						
（请添加）						
（请添加）						

请对下表中类目的定义与范围进行修改完善（修订模式）

二级类目	定义与范围
T1 业务系统	定义：在气象业务各环节或作业过程中，实现预定功能并达到一定目标的智能化的综合体或软件系统。 范围：观测、预报、预测、预警、服务、数据处理等
T2 仪器装备	定义：气象业务、科研、服务和管理专用的设备、仪器、元器件。 范围：观测设备、探测设备、检定设备、数据处理与传输设备、实验设备等
T3 技术方法	定义：基于学科理论与认识，在实现气象业务活动目标过程中，制作各种气象产品的工艺、流程和技巧的总称。 范围：监测预报、分析计算、作业模型、指标体系、技术手册、操作指南等
T4 数据库	定义：按照数据结构组织、存储和管理可用于气象业务、科研和服务的数据集合体
T5 标准规范	定义：为了在一定范围内获得最佳秩序，经协商一致制定并由公认机构批准或在实际工作中，共同使用的和重复使用的一种规范性文件。 范围：技术标准、管理标准、工作标准；技术规范、业务规程
（请添加）	
（请添加）	

（3）请对描述"管理咨询"的二级类目用词的恰当性进行评价

二级类目	非常恰当	恰当	一般	不太恰当	不恰当	请给出您的合理表述
M1 政策规划						
M2 咨询（评估）报告						
M3 调研报告						
（请添加）						
（请添加）						

请对下表中类目的定义与范围进行修改完善（修订模式）

二级类目	定义与范围
M1 政策规划	定义：以决策参考和科学管理为目的，针对长远或现实问题进行系统、深入地研究，而形成的行动路线、方针和策略。 范围：政策法规、管理办法、规划方案等
M2 咨询（评估）报告	定义：描述和评价业务、管理实践活动的过程、进展和结果，经同行专家或上级主管部门认可的总结性材料。 范围：评估报告、论证报告、应用报告等
M3 调研报告	定义：以书面形式陈述气象业务和管理活动的调查结果，在分析研究的基础上发现规律、揭示本质，提出对策建议
（请添加）	
（请添加）	

后效评估指标筛选调查问卷（B）

1. 成果后效评估指标的整体框架

成果＼一级指标	技术方法	仪器装备	业务系统
应用效果	1. 客观化 2. 定量化 3. 精细化	1. 精确度 2. 可靠性 3. 适用性	1. 自动化 2. 集约化 3. 规范化
服务效益	1. 技术效率 2. 指导作用 3. 扩散程度	1. 运行效率 2. 产品质量 I 3. 覆盖范围	1. 业务效能 2. 产品质量 II 3. 共享程度

续表

成果　　一级指标	技术方法	仪器装备	业务系统
溢出效应	1. 拓展技术研发领域 2. 获得项目持续支持 3. 催生相关技术方法	1. 获得项目持续支持 2. 推进技术优化升级 3. 带动相关产品开发	1. 带动相关系统开发 2. 获得后续项目支持 3. 拓展相关服务领域

2. 一级指标的设置

请对成果后效评估一级指标的定义作修改完善,依据表格对一级指标用词的恰当性做出评价。

(1)应用效果:指采用该成果后的结果。

(2)服务效益:指采用该成果的受益方(成果使用者和产品享用者)得到技术支持与帮助。

(3)溢出效应:指该成果产生后附带产生的与之相关的其他反应。

一级指标	非常恰当	恰当	一般	不太恰当	不恰当	请给出您的合理表述
应用效果						
服务效益						
溢出效应						
(请添加)						
(请添加)						

3. 二级指标的设置

1)请对描述"技术方法"的二级指标用词的恰当性进行评价

一级指标	二级指标	非常恰当	恰当	一般	不太恰当	不恰当	请给出您的合理表述
应用效果	1. 客观化						
	2. 定量化						
	3. 精细化						
服务效益	1. 技术效率						
	2. 指导作用						
	3. 扩散程度						

续表

一级指标	二级指标	非常恰当	恰当	一般	不太恰当	不恰当	请给出您的合理表述
溢出效应	1. 拓展技术研发领域						
	2. 获得项目持续支持						
	3. 催生相关技术方法						
（请添加）							
（请添加）							

2）请对下表中二级指标的定义进行修改完善（修订模式）

一级指标	二级指标	定义
应用效果	1. 客观化	指成果为业务所用后所产生的结果去人为干扰的程度
	2. 定量化	指成果为业务采用后所产生结果的非定性（数量、数学、数值）表现
	3. 精细化	指成果为业务活动采用后所产生结果的精（准）与细（微）的程度
服务效益	1. 技术效率	指成果在业务活动中的应用，体现出由于技术变化而带来工作成效的提高
	2. 指导作用	指成果在业务活动中的应用，体现出技术对业务工作的指点引导作用
	3. 扩散程度	指该成果向业务及相关领域的转移程度
溢出效应	1. 拓展技术研发领域	
	2. 获得项目持续支持	
	3. 催生相关技术方法	
（请添加）		
（请添加）		

3）请对描述"仪器装备"的二级指标用词的恰当性进行评价

一级指标	二级指标	非常恰当	恰当	一般	不太恰当	不恰当	请给出您的合理表述
应用效果	1. 精确度						
	2. 可靠性						
	3. 适用性						
服务效益	1. 运行效率						
	2. 产品质量Ⅰ						
	3. 覆盖范围						

续表

一级指标	二级指标	非常恰当	恰当	一般	不太恰当	不恰当	请给出您的合理表述
溢出效应	1. 获得项目持续支持						
	2. 推进技术优化升级						
	3. 带动相关产品开发						
（请添加）							
（请添加）							

4）请对下表中二级指标的定义进行修改完善

一级指标	二级指标	定义
应用效果	1. 精确度	指仪器仪表（传感器）的测量精确度
	2. 可靠性	指仪器设备在实际业务环境中运行的可靠程度
	3. 适用性	指产品在使用时能成功地满足用户需要的程度
服务效益	1. 运行效率	指成果在实现业务要求的运转中表现正常或故障率低
	2. 产品质量Ⅰ	指实物型产品，如自动气象站、常规气象仪器等的优劣程度
	3. 覆盖范围	指实物型产品在实际业务布局中的占有率
溢出效应	1. 获得项目持续支持	
	2. 推动技术优化升级	
	3. 带动相关产品开发	
（请添加）		
（请添加）		

5）请对描述"业务系统"的二级指标用词的恰当性进行评价

一级指标	二级指标	非常恰当	恰当	一般	不太恰当	不恰当	请给出您的合理表述
应用效果	1. 自动化						
	2. 集约化						
	3. 规范化						
服务效益	1. 业务效能						
	2. 产品质量Ⅱ						
	3. 共享程度						
溢出效应	1. 带动相关系统开发						
	2. 获得后续项目支持						
	3. 拓展相关服务领域						
（请添加）							
（请添加）							

6)请对下表中二级指标的定义进行修改完善(修订模式)

一级指标	二级指标	定义
应用效果	1. 自动化	指实现业务运行的非人力程度
	2. 集约化	指成果的应用可将开展业务活动所需的基本要素、技术单元和设计功能,统一组合和优化配置在系统整体架构内运行
	3. 规范化	指成果的应用可将技术行为、业务流程和服务产品,以协调统一的方式运行
服务效益	1. 业务效能	指成果应用后所体现的工作效率和技术能力
	2. 产品质量Ⅱ	指成果应用后所输出的图形、图表、视频、文字等产品的品质
	3. 共享程度	指成果被他人所分享的深度与广度
溢出效应	1. 带动相关系统开发	
	2. 获得后续项目支持	
	3. 拓展相关服务领域	
(请添加)		
(请添加)		

4. 请给出下表中成果后效评估二级指标的评分点

成果类型	一级指标	二级指标	评分点
技术方法	应用效果	客观化	
		定量化	
		精细化	
	服务效益	技术效率	
		指导作用	
		扩散程度	
	溢出效应	拓展技术研发领域	
		获得项目持续支持	
		催生相关技术方法	
仪器装备	应用效果	精确度	
		可靠性	
		适用性	
	服务效益	运行效率	
		产品质量Ⅰ	
		覆盖范围	
	溢出效应	获得项目持续支持	
		推进技术优化升级	
		带动相关产品开发	

续表

成果类型	一级指标	二级指标	评分点
业务系统	应用效果	自动化	
		集约化	
		规范化	
	服务效益	业务效能	
		产品质量Ⅱ	
		共享程度	
	溢出效应	带动相关系统开发	
		获得后续项目支持	
		拓展相关服务领域	

附录 2　气象仪器装备类
成果后效评价评分表

说明:分数 4,3,2,1,0 分依次表示好、较好、中、较差、差。

评分表

一级指标	权重	二级指标	权重	评分标准	评分
应用效果	0.4	智能化	0.25	全自动化基础上,运行过程全智能化(4 分)	
				基本自动化基础上,关键过程智能化(3 分)	
				半自动化,关键节点智能化(2 分)	
				辅助功能智能化(1 分)	
				无智能化(0 分)	
		标准化	0.25	制定新的技术标准、业务规范、流程(4 分)	
				主要技术参数超出原相关技术标准、业务规范(3 分)	
				主要技术参数符合原相关技术标准、业务规范(2 分)	
				技术参数符合原相关技术标准、业务规范(1 分)	
				技术参数低于原相关技术标准、业务规范(0 分)	
		实用化	0.5	运行稳定、故障率极低、故障持续时间极短、数据完全可业务应用(4 分)	
				业务运行稳定、故障率较低、故障持续时间短、数据可业务应用(3 分)	
				业务运行基本稳定、故障率较低、故障持续时间较短、数据基本可用(2 分)	
				业务运行不稳定、故障率较高、故障持续时间较长、数据基本不可用(1 分)	
				业务运行完全不稳定、故障率高、故障持续时间长、数据完全不可用(0 分)	

评分表

一级指标	权重	二级指标	权重	评分标准	评分
服务效益	0.4	工作效率	0.5	极大的减少了业务运行投入的人员、工时、运维成本以及提高了工作产出的数量、质量（4分）	
				明显减少了业务运行投入的人员、工时、运维成本以及提高了工作产出的数量、质量（3分）	
				业务运行投入人员、工时、运维成本的减少量以及工作产出数量、质量的增加量一般（2分）	
				业务运行投入人员、工时、运维成本的减少量以及工作产出数量、质量的增加量较低（1分）	
				完全没有减少业务运行投入的人员、工时、运维成本以及提高工作产出的数量、质量（0分）	
		覆盖范围	0.3	业务布局占有率高、国内外市场占有份额多（4分）	
				业务布局占有率较高、国内外市场占有份额较多（3分）	
				业务布局占有率较低；国内外市场占有份额较少（2分）	
				业务布局占有率很低；国内外市场占有份额很少（1分）	
				没有被纳入实际业务布局中，国内外市场占有份额为0（0分）	
		用户评价	0.2	用户的满意度评价好（4分）	
				用户的满意度评价较好（3分）	
				用户的满意度评价一般（2分）	
				用户的满意度评价较差（1分）	
				用户的满意度评价很差（0分）	

评分表

一级指标	权重	二级指标	权重	评分标准	评分
溢出效应	0.2	获得项目持续支持	0.3	项目支持力度大(4分)	
				项目支持力度较大(3分)	
				项目支持力度一般(2分)	
				项目支持力度小(1分)	
				无项目持续支持(0分)	
		推进相关技术升级	0.4	推进升级的相关技术水平高(4分)	
				推进升级的相关技术水平较高(3分)	
				推进升级的相关技术水平一般(2分)	
				推进升级的相关技术水平低(1分)	
				无推进相关技术升级(0分)	
		带动相关产品开发	0.3	带动开发的相关产品质量好(4分)	
				带动开发的相关产品质量较好(3分)	
				带动开发的相关产品质量一般(2分)	
				带动开发的相关产品质量差(1分)	
				无带动相关产品开发(0分)	

附录 3　气象科技成果认定指标的评分标准

一级指标	分值Ⅰ	技术方法		分值Ⅰ	仪器装备		分值Ⅰ	业务系统	
		二级指标	分值Ⅱ		二级指标	分值Ⅱ		二级指标	分值Ⅱ
技术地位（技术方法、仪器装备、业务系统）	25	核心技术（算法、模式）	12	25	核心装置（器件）如传感、感应	12	25	业务平台（预测、预报、算法、模型、检测等）	12
		关键技术（资料同化、结果检测、数据与图像处理等）	8		关键部件（器件）如动力、传输、记录、存储等	8		伺服系统（通信、网络、数据与图像处理等）	8
		一般技术（分析、识别、指标参数设置、数据加工等）	5		辅助（设备附件、配件）如基座、支架、箱体、缆绳、螺钉等	5		辅助：附属配置（数据获取、传输与处理、网络、数据格式、系统维护等）	5
技术行为	15	原始创新	7	15	发明	5	10	新建	5
		集成创新	5		升级Ⅰ	3		升级Ⅱ	3
		引进创新	3		改进	2		扩展	2
成果水平	10	国际先进	5	10	国际先进	5	10	国际先进	5
		国内领先	3		国内领先	3		国内领先	3
		国内先进	2		国内先进	2		国内先进	2
成熟程度	15	实践阶段	7	15	列装	7	15	业务化	7
		中试阶段	5		量产	5		准业务化	5
		实验阶段	3		定型	2		试运行	3
					样机	1			

一级指标	分值 I	技术方法		分值 I	仪器装备		分值 I	业务系统	
		二级指标	分值 II		二级指标	分值 II		二级指标	分值 II
适用范围	10	跨学科	5	10	跨行业	5	15	跨区域	7
		跨专业	3		跨部门	3		跨省	5
		专业内	2		部门内	2		省内	3
实用程度	25	好用	12	25	好用	12	25	好用	12
		适用	8		适用	8		适用	8
		可用	5		可用	5		可用	5

注:分值 I 对应一级指标,分值 II 对应二级指标。一级指标分值 I 总和为 100 分,一级指标分值 I 为相应二级指标分值 II。

附录 4　公益性行业专项成果评估要素表

项目类别:应急性□培育性□基础性□(画"√"为记)

项目名称			项目编号(科技司编号)		
成果简介					
专家预测	应用前景:好□较好□ 一般□差□	使用范围: 大□一般□小□		推广价值:高□一般□无□	
成果类型	基础性	论文、论著、科学认识(新见解、新观点、新概念)			
	培育性	决策报告、咨询报告、专利、标准			
	应急性	1. 技术类:预报方法、监测方法、检测方法、分析方法、模型(模式)、技术规范、业务规程、技术报告; 2. 软件类:操作系统、数据库、信息系统、演示系统、管理系统、业务软件; 3. 硬件类:仪器设备、实验装置、检测设备			
	培养人才	项目培养人才人		培训应用人才人	
成果水平	获国家级奖□	获省部级奖□			
	国际水平□	国内领先□			
成果应用	应用时间	年月至年月			
	应用范围	气象行业□国家级气象部门□ 省级气象部门□地市级气象部门□			
	应用时间	使用单位			
		起止时间			
		应用效果			
	成熟度评价	业务化(正式投入业务应用)□实际业务运行(未进行业务化评审)□ 业务试验(中间试验)□研究成果(实验室)□			
	应用效益	在国家级气象业务发挥作用□ 为国家级气象业务提供新技术工具或应用产品□ 为省级气象业务提供新方法或应用产品□其他□			
	成果前景当前适用□未来可延伸□				

附录5　"项目验收专家组意见与评价"标准模板

一、项目背景介绍。介绍验收人员、时间、地点、项目名称,验收过程等基本情况。

二、验收意见与评价

1. 主要研究内容的简要陈述与项目定性评价

简述项目的研究内容,针对＊＊＊问题(研究目标),开展＊＊＊＊试验,采用＊＊＊方法,分析＊＊＊＊数据,研发了＊＊＊＊技术,产生＊＊＊成果,并应用于＊＊＊＊,改进了＊＊＊＊。

定性评价:

研究目标的实现程度(A 超额、B 完成、C 基本完成、D 未完成)

研究内容的创新性(A 自主创新、B 引进再创新、C 借鉴有创新、D 无创新)

主要技术指标实现程度(A 超越、B 实现、C 基本实现、D 未达标)

技术方法先进程度(A 国际领先、B 国际先进、C 国内领先、D 国内先进)

团队实力表现程度(A 强、B 较强、C 一般、D 差)

团队绩效体现(A 优、B 良、C 中、D 差)

项目成果的应用状态(A 业务化、B 准业务化、C 业务试验、D 研究试验)

项目成果的应用效果(A 取代原有、B 改进现行、C 有所进步、D 效果不明显)

成果应用前景的预测(A 好、B 较好、C 一般、D 无)

2. 项目成果的认定与评价

知识类成果类型、数量与评价

类型:概念模型,数学公式,原理机制,其他;

数量:论文＊＊篇,论著＊＊部,咨询报告＊＊篇、技术报告＊＊篇;

评价:水平评价:A 高、B 为较高、C 为中等、D 低,

　　　影响评价:A 重大、B 较大、C 有所、D 无。

工具类成果类型、数量与评价

类型:业务系统、技术方法、应用软件、仪器设备、元器件、数据集、技术标准、专利等。

数量:

评价:水平评价:A 高、B 为较高、C 为中等、D 为低

　　　作用评价:A 重大、B 较大、C 为一般、D 为无)。

3. 成果应用状态描述及评价

说明项目成果在何时何处应用转化

状态评价:A 为业务化、B 准业务化、C 业务试用、D 业务实验

效果评价:A 为重大、B 为较大、C 为一般、D 为无

三、验收结论与建议

结论性评价与验收意见。

后　记

　　本书是在科技部公益性行业（气象）专项"气象科技项目/成果管理评估系统 2 期"（2012—2014 年）的资助下完成的，内容包括了"气象科技项目/成果管理评估系统 1 期"（2011—2013 年）的研究成果、2014 年气候变化专项"气候变化专项绩效评估指标的研究"的研究成果，以及 2008 年以来几个具体的评估案例。内容涉及气象科技评价的概念，气象科技评价及科技成果评价的相关术语，气象科技评价的现状与发展，科技成果评估的意义与作用，气象科技成果的分类体系、认定规则、认定机制，不同类别气象科技成果的后效评估，气象科技评估的技术方法、流程与规范，气象科技成果的应用转化，科技论文规范等一系列与成果相关的气象科技管理的问题。

　　参加"气象科技项目/成果管理评估系统（1，2 期）""气候变化专项绩效评估指标的研究"项目研究和评估案例的王卫丹、成秀虎、刘艳、李磊、高超、王洪林、孙大松、刘艳、李磊、黄潇等人员为本书提供了写作的素材。

　　此外，在以上项目的研究过程和评估作业的操作中，气象部门数十位学者、专家、科研业务和管理人员为本书的内容提供了大力的支持、指导和帮助，在此表示衷心的感谢。

　　气象科学技术活动无止境，气象科技活动的管理亦无休止，气象科技评价工作也会逐步完善，目前与气象科技评价相关的研究和实践气象科技评价活动的开始，尚有许多问题值得深入地探究，但愿目前的初步研究成果和经验能为气象科学技术的发展和科技管理的创新提供有益的参考和帮助。